AF570005

Dieter Ebels
Das Universum
Wissenschaftliche Fakten und unvorstellbare Möglichkeiten
2021

Dieter Ebels

Das Universum

Wissenschaftliche Fakten und unvorstellbare Möglichkeiten

Herstellung und Verlag: BoD – Books on Demand, Norderstedt
ISBN: 9783754352403

Das Universum eröffnet uns nahezu unvorstellbare Möglichkeiten. Diese unglaublichen Möglichkeiten kann man mit den Worten „Die Philosophie des großen Ganzen“ umschreiben. Die enorme Tragweite dieser utopisch anmutenden Fiktion über das Universum wird bei manchem Leser nie da gewesene Gedankengänge hervorrufen und das Weltbild, welches in manchen Köpfen vorherrscht, neu ordnen.
Da dieses Buch, was das Universum angeht, fast unbegreifliche Möglichkeiten erläutert, könnte für so manche Leser und Leserinnen das bisher geglaubte Weltbild ins Wanken kommen.
Wer dieses Buch liest, könnte eine andere Einstellung zum Leben bekommen, denn hier werden fast unfassbare Dinge dargestellt.
Nur wer mit offenen Augen durch das Leben geht, wird dem Alltagstrott entgehen können und Dinge sehen, die Anderen entgehen.
Für mich bedeutet dieses „mit offenen Augen durch das Leben gehen“, dass ich mich selbst bei scheinbar unwichtigen und unwesentlichen Dingen frage:
Warum ist das so?
Es gab immer schon Menschen, die sich diese Frage gestellt haben. Viele von ihnen sind diesen Dingen dann auch auf dem Grund gegangen.
Ohne diese Menschen würden wir mit Sicherheit noch heute im Steinzeitmodus leben. Ich persönlich interessiere mich eigentlich für alles, was noch unbekannt ist. Dieses Interessengebiet umfasst ein weites Spektrum. In erster Linie galt mein Interesse aber schon immer den Naturwissenschaften. Es gilt der Flora und der Fauna, die auch noch voller Rätsel stecken. Die meiste Neugier

wurde vom Universum in mir erweckt, dem riesigen Kosmos mit all seinen unbekannten Welten und Mysterien. All diese Gebiete sind voller Rätsel, voller ungeklärter Vorgänge, die wir Menschen wohl niemals ganz verstehen werden. Obwohl ich mir dessen bewusst bin, ist die Neugierde dennoch so groß, dass es für mich nichts Schöneres gibt, als wenigstens etwas Licht in diese Dunkelheit zu bringen.

Ich weiß, dass es Gelehrte gibt, die ständig das gleiche Ziel verfolgen, kluge Köpfe, die Kapazitäten auf ihrem Fachgebiet sind und mit modernsten Forschungsgeräten arbeiten. Vor dem immensen Fachwissen, welches einige dieser Leute vorweisen, ziehe ich ehrfurchtsvoll den Hut. Natürlich beziehe ich die Forschungsergebnisse dieser Leute ständig in meine Überlegungen mit ein.

Es ist bemerkenswert, wie schnell die von den Wissenschaftlern erstellte Fachliteratur ständig durch neue Theorien verbessert wird.

Von vielen Autoren solcher Fachliteratur werden oft eigene Theorien aufgestellt. Diese Theorien widersprechen sich aber oft untereinander. Jeder hat halt seine eigene Meinung, die er auf Grund seiner Forschungsergebnisse für die richtige hält. Es kam mehr als einmal vor, dass ich einen Bericht über eine neue Theorie, die von Wissenschaftlern und Wissenschaftlerinnen aufgestellt wurde, gelesen habe und spontan dachte: Sie haben Recht. Sie haben die richtige Theorie gefunden. Genau so, wie sie die Sache darstellen, muss es sein. Alle Fakten sprechen dafür. Irgendwann stieß ich auf einen Bericht über das gleiche Sachgebiet. Da hatten doch ein anderer Wissenschaftler oder Wissenschaftlerinnen tatsächlich eine ganz neue Theorie darüber aufgestellt.

Die Theorie, von der ich bisher geglaubt hatte, dass nur sie richtig sein kann, wurde einfach widerrufen. Die alte Theorie wurde durch neue Erkenntnisse wieder in Frage gestellt. Beide Theorien waren mit überzeugenden Argumenten dargestellt worden. Obwohl zwei absolute Fachleute ihre Forschungsergebnisse bekannt gegeben haben, kann aber nur eine Theorie die Richtige sein.
Solche Vorkommnisse haben mich dazu bewegt, mir mehr oder weniger meine eigene Meinung zu bilden.
Alle Wissenschaftler und Wissenschaftlerinnen haben das Ziel, alles, was sie erforscht haben, auch nachweisen zu können. Genauer gesagt, müssen sie es nachweisen, weil ihre Forschungsergebnisse sonst nicht anerkannt werden.
Ich habe mit der Zeit einige Theorien aufgestellt, die meiner Meinung nach so, wie ich es sehe, sein könnten. Natürlich kann ich nichts von den fiktiven Ideen und Möglichkeiten endgültig nachweisen. Aber es gibt auch niemanden, der das Gegenteil davon beweisen könnte.
Es gibt noch Rätsel über Rätsel in den vielen wissenschaftlichen Sachgebieten. Doch genau genommen ist eigentlich alles nur eins, denn alles, was die Schöpfung hervorgebracht hat, von mikroskopisch kleinen Bakterien bis hin zum intelligenten Menschen, lebt auf einem Planet, der nur ein winziger Teil eines unendlichen Universums ist. Alles hängt unabdingbar miteinander zusammen.
Was unsere Zukunft bringt, das weiß keiner genau. Doch können wir unser Umfeld mit seiner Gegenwart und seiner Vergangenheit, wenn auch nur im bescheidenen Rahmen, erforschen. Ein kleines Stückchen davon möchte ich mit meiner eigenen Philosophie beitragen, auch wenn meine Überlegungen manchmal sehr fantastisch sind.
Gläubige Menschen, die Angst davor haben, dass ihr

Weltbild von einem Schöpfergott durch die neuen Erkenntnisse zusammenbrechen könnte, brauchen dieses nicht zu fürchten. Sie könnten erkennen, dass gerade hier etwas ganz großes passiert, vom Einfachsten bis zum Höchsten, vom Kleinsten bis zum Größten, denn ihnen wird die wahre Größe der Schöpfung vor Augen gehalten.
Ich bitte die Leser und Leserinnen um Verständnis, wenn ich mich in einigen Abschnitten dieses Buches wiederhole, doch ich halte es für wichtig, weil selbst in verschiedensten Themenbereichen oft die gleiche Grundlage gilt.
Sollte jemand, der dieses Buch liest, bei manchen Dingen ungläubig den Kopf schütteln, dann möge er dabei an eines denken:
Es gibt die herrliche Gabe der Fantasie. Dort, wo unser Wissen endet, dort zeigt uns die Fantasie, welche wunderbare Möglichkeiten es noch geben kann.

Hinweis

Alle Leser und Leserinnen, die sich schon ausgiebig mit den, in diesem Kapitel beschriebenen Materien befasst haben, sollen bitte nicht böse sein, wenn ich die einzelnen Themen zu ausführlich beschreibe. Doch ich weiß, dass es genug Leute gibt, die sich fragen: Was ist eigentlich der Urknall? Oder: Was ist eigentlich genau die Lichtgeschwindigkeit? Die meisten Menschen wissen natürlich, dass es Atome gibt, doch wissen sie genau, wie ein solches Atom aufgebaut ist? Ich habe versucht, solche Themen so zu beschreiben, dass auch alle, die sich noch nie damit beschäftigt haben, verstehen, wovon die Rede ist, denn wer nur Böhmische Dörfer versteht, der wird auch dieses Kapitel nicht verstehen. Deshalb habe ich versucht, jedes Fachkauderwelsch so zu erklären, dass es wirklich jedem zugänglich gemacht wird.

Da dieses Buch aber Möglichkeiten aufdeckt, die auf so manchen Menschen auch schwer erschütternd wirken könnte, möchte ich solchen Leuten, die auf Themen, wie der Tod und der Sinn des Lebens auch so schon labil reagieren, von diesem Buch abraten.

Da einige Dinge für die Leser und Leserinnen vielleicht zunächst unverständlich sind, bitte ich sie, das Buch trotzdem in Ruhe zu Ende zu lesen. Mit dem Lesen der einzelnen Kapitel kommt auch das Verständnis. Dann kann man noch einmal zurück blättern, um auch das bis dahin Unverstandene in sich aufzunehmen.

Dieses Buch besteht aus verschiedenen Kapiteln, die scheinbar nichts, aber auch gar nichts miteinander zu tun haben. Doch der Schein trügt, denn die Leute, die all diese Themen aufmerksam durchlesen, werden sehen, dass sich am Ende alles zusammenfügt. Sie werden

verstehen, dass so verschiedene Themen, wie Intelligenz, Mikrokosmos, Lebenssinn, Universum und Urknall zusammen gehören.
Und wer beim Lesen aufmerksam mitgedacht hat, wird die unglaublichen Möglichkeiten erkennen. Die Möglichkeiten über das menschliche Dasein im Universum und vielleicht sogar die mögliche Erkenntnis über den Sinn des Lebens.

Rätsel über Rätsel

Die Neugier hat uns Menschen zu dem gemacht, was wir heute sind. Dank unserer Intelligenz haben wir uns ein Dasein erarbeitet, welches uns durch Wissen und Technologien an die Spitze allen Lebens auf unserem Planeten gebracht hat.

Viele glauben, dass die Menschheit die Krönung der Schöpfung ist. Wer jedoch dieses Buch liest, wird diesen Irrglauben aber schnell wieder ablegen.

Sicher, die meisten Menschen wissen, dass wir im Vergleich zu den unendlichen Weiten des Universums ein unscheinbares Nichts sind. Doch die hier aufgezeigten Möglichleiten werden selbst diese Leute erschüttern, denn so manches ist nicht so, wie man es sich bisher vorgestellt hatte.

Seitdem ich denken kann, fasziniert mich das Universum. Die Gedanken an weit entfernte Sterne und fremde Planeten bringen die Menschen dazu, mehr über das All erfahren zu wollen. Die Unendlichkeit des Universums mit all ihren ungeklärten Vorgängen und faszinierenden Geheimnissen lassen der Fantasie freien Lauf.

Was ist der Sinn der Galaxien und was verbirgt sich hinter den Schwarzen Löchern? Alles, was wir im unendlichen Kosmos sehen und messen können, also alles, was uns da so am Nachthimmel entgegen leuchtet, ist nur knapp 5 Prozent von dem, was dort tatsächlich vorhanden ist. Etwa 95 Prozent des Universums bestehen aus der geheimnisvollen Dunklen Materie und der Dunklen Energie. Man weiß, dass die Dunkle Materie und die Dunkle Energie da ist, aber man weiß nicht, wie sie aussieht und woraus sie besteht. Die Wissenschaft rätselt nach wie vor, was sich hinter diesem Geheimnis verbirgt.

Es gibt Fragen über Fragen. Die meisten davon wird aber der Mensch niemals beantworten können.
Unmengen von Wissenschaftler und Wissenschaftlerinnen arbeiten daran, Antworten auf viele dieser Fragen zu finden. Alles ist, wie ein Puzzle aus unendlich vielen Teilen, von denen wir Menschen mit der Zeit erst ganz wenige zusammenfügen konnten. Es gibt unzählige Leute, die sich im Bereich der Astronomie und der Astrophysik seit vielen Jahren eifrig damit beschäftigen, neue Erkenntnisse zu gewinnen, um damit wieder ein Puzzleteil einfügen zu können. Manchmal gelang es auch Menschen, wie Albert Einstein mit seiner Relativitätstheorie, ein größeres Teil in dieses Riesenpuzzle einzubringen.
Man sollte aber auch nicht außer Acht lassen, dass der unendlich große Kosmos noch einen kleinen Bruder hat, nämlich den Mikrokosmos. Auch hier gibt es unendliche Weiten. Allerdings gehen diese Weiten nicht ins Große, sondern ins Kleine hinein. Da sind eher die Wissenschaftler und Wissenschaftlerinnen gefragt, die mit superstarken Elektronenmikroskopen und komplizierten Experimenten diesem kleinen Kosmos neues Wissen abgewinnen wollen. Sie beschäftigen sich ausgiebig mit kleinsten Elementarteilchen, wie Neutronen, Photonen, Quarks und allem, was sich in dieser Mikrowelt befindet. Zu ihrem Forschungsgebiet gehört auch die sogenannte Quantenmechanik, von der man so gut wie gar nichts weiß. Alle diese Begriffe werde ich später noch so erklären, dass auch jeder versteht, was gemeint ist. Ich werde auch versuchen, den Aufbau eines Atoms so darzustellen, dass es für jeden Leser einfach zu verstehen ist.

Schließlich besteht alle Materie, die wir kennen, aus Atomen.
Leser, die sich jetzt schon fragen, was Atome mit den Möglichkeiten im Universum zu tun haben, sollten daran denken, dass auch wir Menschen aus Atomen bestehen. Und der Mensch steht mitten drin. Aus unserer Sicht sind wir Menschen so etwas wie ein Bindeglied zwischen dem Makro- und dem Mikrokosmos. Wie gesagt, aus unserer Sicht. Denn, um auf Albert Einstein zurück zu kommen: Es ist eben alles relativ.
Über das Thema Mensch ist uns wohl das meiste bekannt. Ich glaube, dass nichts besser erforscht ist, als das Lebewesen Homo sapiens, der Mensch. Der menschliche Körper verbirgt so gut wie keine Geheimnisse mehr vor uns. Natürlich sind auch hier noch viele Fragen offen und so manche Wissenschaftler und Wissenschaftlerinnen, besonders aus dem Gesundheitswesen, würde einiges dafür geben, eine Lösung für so manche Rätsel zu bekommen.
Wer hat sich nicht schon einmal die Frage gestellt:
Was ist eigentlich der Sinn des Lebens? Was ist der Sinn des menschlichen Daseins?
Für viele ist das die Frage aller Fragen. Doch auch dazu später mehr.
Weltweit arbeitet man in der Wissenschaft rund um die Uhr in den verschiedensten wissenschaftlichen Bereichen. Alle, die sich mit dieser Materie beschäftigen, sind Fachkräfte auf ihrem Gebiet und alle versuchen, neue Erkenntnisse und neue Antworten auf alles zu finden, was noch unerklärt ist. Um aber die Wahrheit über das Universum mit all seinen Geheimnissen und Rätseln wenigstens ein wenig zu entschlüsseln, gibt es nur eine

Lösung:
Alles Wissen über den Makro- und über den Mikrokosmos müssen zusammengeworfen werden, auch wenn es scheinbar mit einander nichts zu tun hat. Genau das habe ich getan. Das Ergebnis war verblüffend. Anfangs wollte selbst ich nicht an das glauben, auf was ich da gestoßen war, denn die sich auftuenden Möglichkeiten werfen viele Dinge um, die ich bisher für richtig gehalten hatte. Auch wenn die bisher gültigen Gesetze der Physik weiterhin unumstößlich erhalten bleiben, die Möglichkeiten von dem, was uns umgibt, sind schier unglaublich. Das Gesamtbild des Universums in der bisherigen Fassung hätte dann keinen Bestand mehr.
Meine Überlegungen fanden schon einige Befürworter und Befürworterinnen. Sie sind aber auch bei vielen auf Unverständnis und Widerstand gestoßen. Wie kann ich so arrogant sein und mich über das hinwegsetzen, was viele kluge Köpfe so mühsam ausgearbeitet haben? Alle Kapazitäten auf ihrem Fachgebiet haben es doch in ihren Büchern immer wieder dargelegt, wie das Universum aufgebaut ist. Wie lange hat es gedauert, bis man die Theorie vom Urknall aufgestellt hatte, eine komplizierte Berechnung, die ja den Anfang von allem, was es gibt, ausführlich darstellt. Und jetzt kommt jemand mit der Idee daher, dass es so gar nicht gewesen sein könnte.
Die meisten Wissenschaftler und Wissenschaftlerinnen, die diesen Überlegungen skeptisch gegenüber stehen, machen meiner Meinung nach einen großen Fehler. Sie sind absolute Fachleute, die nicht von ihrem einmal erlernten Grundwissen abweichen. Alles, was nicht so ist, wie es auf der einmal gelernten Basis sein könnte, kann es nicht geben, zumal es nicht bewiesen werden kann. Es

widerspricht einfach der Wissenschaft. Dabei gibt es viele Beispiele von Vorgängen, die es eigentlich nicht geben kann, wie zum Beispiel bei Schwarzen Löchern oder in den ersten Momenten des Urknalls. Doch auch dazu später mehr.

Wenn jedoch jemand kommt und Möglichkeiten anzeigt, die vieles infrage stellen, dann ist das direkt unglaubwürdig. Ich will es nicht besser wissen, als die Wissenschaftler und Wissenschaftlerinnen, die schon über Jahre hinweg an der Urknalltheorie arbeiten, aber trotz aller Mühe keine Lösung für die unbekannten Vorgänge, die noch in dieser Theorie stecken, gefunden haben. Ich möchte nur auf andere Möglichkeiten, die eine Lösung der Rätsel sein könnten, hindeuten.

Hiermit möchte ich aber noch einmal ausdrücklich darauf hinweisen, dass ich der Arbeit von Fachmännern und Fachfrauen, wie es diese Leute ja sind, sehr großen Respekt zolle. Ich weiß auch, dass wir ohne diese Leute heute noch in den Kinderschuhen aller Wissenschaften stecken würden. Und ich weiß, was die Welt solchen Leuten zu verdanken hat. Ich würde niemals die Überheblichkeit besitzen, die Arbeit der Wissenschaft anzuzweifeln. Im Gegenteil, ich bewundere ihre Arbeit und wenn ich ehrlich bin, dann beneide ich viele von ihnen. Denn ihnen stehen technische Möglichkeiten, wie zum Beispiel große, neue Teleskope zur Verfügung, von denen ich nur träumen kann.

Selbstverständlich habe auch ich mein ganzes Fachwissen aus der Arbeit dieser Menschen geschöpft. Doch was habe ich dann gemacht? Ich habe alles Wissen, was ich aus den Arbeiten und der Fachliteratur eben dieser Wissenschaftler und Wissenschaftlerinnen entnommen

habe, einfach miteinander verschmolzen. Eigentlich habe ich nichts anderes getan, als die Forschungsergebnisse der Wissenschaft in meine Arbeit mit aufzunehmen und zu einer neuen Erkenntnis zusammenzufügen. Ich habe im Grunde nichts verändert, sondern eines mit dem anderen ergänzt. Erst im Nachhinein wurde klar, dass das bisherige Bild vom Universum ganz anders aussehen könnte. Es könnte ein ganz neues Weltbild entstehen, in dem, wie bereits erwähnt, weiterhin die unumstößlichen Gesetze der Physik aber gültig bleiben.
Alle wissenschaftlichen Erkenntnisse zusammengenommen lassen den Schluss zu:
Den Urknall, so wie man ihn sich bisher vorgestellt hat, hat es zwar gegeben und Fakt ist, dass sich das Universum ausdehnt. Doch der eigentliche Urknall könnte nicht irgendeine „Explosion“, wie man sie sich nach der Urknalltheorie vorstellt, sein, sondern der Auslöser für das Wachstum eines unvorstellbaren Gebildes. Unser Universum könnte ein Teil eines unvorstellbar großen, wachsenden Körpers sein und die dadurch entstehenden Möglichkeiten über das, was diesen Körper umgeben könnte, sprengt alle Grenzen der menschlichen Vorstellungskraft. Und wir befinden uns mitten drin. Um uns herum könnte etwas passieren, das alles, was man sich bisher vorstellen konnte, übertrifft. Es könnte ein Vorgang sein, der den Glauben an bisherige Regeln und Erkenntnisse tief erschüttert. Diese Erschütterung trifft noch mehr die Vorstellung des menschlichen Daseins. Wer bisher geglaubt hat, dass wir Menschen etwas Besonderes sind, wird, nachdem er dieses Buch gelesen hat, eine andere Einstellung haben.
Man hat bereits viele Vorgänge im Universum beobachtet,

die es eigentlich nicht geben dürfte, wenigstes nicht, wenn man sich an die bisher geltenden Vorstellungen des Raumgefüges hält. Bezieht man diese Rätsel aber auf meine mögliche Theorie, dann passt vieles. Dann sind einige dieser Rätsel gelöst.

Die Vorstellung vom wachsenden Universum ist, wie gesagt, eine mögliche Theorie. Sie basiert auf wissenschaftlichen Grundlagen und Erkenntnissen. Viele in der Wissenschaft aufgestellte Theorien waren oft nicht haltbar, weil andere sie widerlegt hatten. Die mögliche Theorie vom wachsenden Universum kann keiner widerlegen. Für diese Möglichkeit gibt es zwar noch keine endgültigen Beweise, dennoch kann aber niemand das Gegenteil beweisen und sagen, es könnte nicht so sein.

Wenn viele diese mögliche Theorie belächeln, dann muss ich an Nikolaus Kopernikus denken. Als er behauptete, dass die Erde nicht der Mittelpunkt von allem sei, brach ein Sturm der Empörung über ihn hinein. Und als Galileo Galilei, der Jahre später ebenfalls diese These vertrat, einen Dialog zu dem neuen Weltbild veröffentlichte, wurde er von der kirchlichen Inquisition unter dem Verdacht der Ketzerei gestellt. Als schließlich 1633 der berühmte Prozess gegen den Physiker gemacht wurde, hatte man ihn gezwungen abzuschwören. Zusätzlich hatte man ihn noch zu lebenslanger Haft verurteilt, die zu seinem Glück in einen ständigen Hausarrest abgemildert wurde. Es wurde von der Kirche angeordnet, den ketzerischen Dialog zu verbrennen. Wie gut für mich, dass sich die Zeiten geändert haben.

Für die Ausarbeitung dieser neuen Möglichkeit habe ich über Jahre hinweg viele Forschungsergebnisse über diese Materie zusammengetragen. So kam ein Bausteinchen

auf das andere und es kristallisierten sich langsam unglaubliche Möglichkeiten heraus. Seit einiger Zeit gibt es die tolle Erfindung des Internets. Das eröffnete ganz neue Wege der Information. Man ist immer auf dem aktuellen Stand der Wissenschaft und kann sich, zum Beispiel, selbst die neusten Bilder der Weltraumteleskope jederzeit anschauen. Durch viele neue Informationen und Erkenntnisse haben sich die Hinweise auf die mögliche Wachstumstheorie sehr schnell verdichtet und bald schon hatte ich ein fast unglaubliches Ergebnis vorliegen, welches die Zweifel, die selbst ich immer noch hatte, schnell vergessen ließen.
Ich werde den Lesern und Leserinnen dieses Buches durch eine Welt führen, die ihnen die Augen öffnen wird, eine Welt, die in alle nur denkbaren Unendlichkeiten führt. Sie werden erfahren, dass es im Mikrokosmos, sowie im Makrokosmos unendliche Dimensionen gibt. Sie werden aber auch in Bezug auf unsere eigene Intelligenz erfahren, was Endlichkeit ist.
Mein Ziel ist es, alle Menschen zum Nachdenken zu bringen. Nur wem klar wird, was die Menschheit im Universum wirklich darstellt, der wird seine Gedanken in andere Bahnen lenken. Man wird darüber nachdenken, ob es angesichts dieser Erkenntnisse einen Sinn hat, sich das Leben auf dieser winzigen Oase in der Unendlichkeit, die wir Erde nennen, durch Kriege und andere die Umwelt zerstörenden Maßnahmen schwer zu machen.
Ich möchte auch niemandem Angst machen, im Gegenteil, ich möchte jeden dazu auffordern, positiv durch das Leben zu gehen. Jeder negative Gedanke und jeder Streit ist ein verschenkter Zeitraum in unserem kurzen Leben. Wer sich dessen bewusst ist und sich dem entsprechend verhält,

der wird nicht nur sein Leben, sondern auch das Leben in seinem Umfeld positiv beeinflussen.
Doch zunächst, liebe Leserinnen und Leser, geht es in die Welt der Astronomie.

* * *

Der astronomische Schnellkurs

Wie anfangs versprochen, möchte ich für alle, die sich bisher mit den in diesem Buch vorkommenden Themen nur wenig beschäftigt haben, einige Erklärungen abgeben. Alle anderen, die bereits ein fortgeschrittenes Wissen in der Astronomie haben, bitte ich um Verständnis, dass ich sie mit einem solchen „Selbstverständlichkeitswissen“ belästige. Aber gerade diese Leser und Leserinnen müssten eigentlich einsehen, dass es ohne ein paar Grundkenntnisse schwer ist, dieses Buch zu verstehen. Themen, wie Erde, Sonne, Mond werden nicht erläutert, denn sie sind für das Thema im Prinzip unwesentlich.

Die Grundkräfte

Als Grundkräfte bezeichnet man etwas, das alle Kräfte der Natur umfasst. Es gibt vier bekannte grundlegende Kräfte, die alle aus der sogenannten Urkraft entstanden sind.
Diese Kräfte sind:
Die starke Kernkraft, die schwache Kernkraft, der Elektromagnetismus und die Schwerkraft.
Allerdings gab es die Urkraft nur im aller ersten Moment nach dem Urknall. Danach teilte sie sich in die vier Grundkräfte auf.
Die starke Kernkraft ist für alle Fusionen im Universum, wie sie zum Beispiel in der Sonne ablaufen, zuständig.
Die schwache Kernkraft sorgt für den radioaktiven Verfall.
Der Elektromagnetismus ist für die Teilchen zuständig, die eine elektrische Ladung aufweisen, wie Elektronen, Protonen und Ionen. Er ist eine Verbindung zwischen Elektrizität und Magnetismus. Alle beiden Kräfte arbeiten mit Polen, die Elektrizität mit Plus- und Minuspolen und

der Magnetismus mit Nord- und Südpolen.
Die Schwerkraft, auch Gravitation genannt, wird im nächsten Abschnitt ausführlicher behandelt.

Die Gravitation

Die Gravitation, auf gut Deutsch, die Schwerkraft, gehört zu den vier Urkräften. Die Gesetze der Gravitation besagen, dass Dinge mit großer Masse andere Dinge mit weniger Masse anziehen. Wir Menschen bekommen diese Gesetze ständig zu spüren. Wenn wir einen Gegenstand, den wir in den Händen halten, loslassen, dann fällt er unwillkürlich auf die Erde. Die Gravitationskraft der Erde zieht diesen Gegenstand an. Auch wir Menschen werden von dieser Kraft, die wir auch Erdanziehungskraft nennen, mit den Füßen auf dem Boden gehalten. Gäbe es keine Schwerkraft, dann würden wir ins Weltall hinausfallen.
Es ist für viele vielleicht schwer zu verstehen, doch gäbe es die Atmosphäre nicht, dann würden auf Grund der Schwerkraft alle Gegenstände gleichschnell zu Boden fallen, egal ob es sich um eine leichte Feder handelt oder um eine schwere Metallkugel. Es ist nur der Luftwiderstand, der eine Feder langsamer hinab fallen lässt, als eine Metallkugel. Die Luft bremst die Feder ab. In einem Experiment hat man in einer luftleeren Röhre, die oben und unten verschlossen war, eine Feder und eine Metallkugel gleichzeitig fallen lassen. Tatsächlich kamen beide Gegenstände zeitgleich auf dem Boden der Röhre an.
Die Gesetze der Gravitation halten alles zusammen, was wir kennen. Der Mond wird von dieser Kraft in seiner Umlaufbahn gehalten, weil die Erde mehr Masse hat. Für eine gleichbleibende Umlaufbahn ist es wichtig, dass der

Mond immer die gleiche Geschwindigkeit hält. Wäre er zu schnell, dann würde er durch die Fliehkraft aus dem Erdanziehungsfeld hinausgeschleudert und würde ins All verschwinden. Wird aber seine Geschwindigkeit zu langsam, dann reicht die Fliehkraft nicht mehr aus und der Mond würde zur Erde hingezogen. Tatsache ist, dass der Mond einmal näher um die Erde gekreist ist. Auch heute noch wird seine Umlaufbahn um unseren Planeten fast unbemerkt größer.

Das gleiche Prinzip wird bei Satelliten angewandt. Auch sie umkreisen die Erde mit einer ganz bestimmten Geschwindigkeit, um ihre Erdumlaufbahn einzuhalten. Verlieren Satelliten an Geschwindigkeit, dann werden sie von der Erde angezogen und verglühen schließlich beim Eintauchen in die Atmosphäre.

Die Erde wiederum unterliegt der Anziehungskraft der Sonne. Unser ganzes Sonnensystem mit all seinen Planeten wird von der Gravitationskraft zusammengehalten. Auch die Galaxie, in der sich unser Sonnensystem befindet, wird durch die Gravitationskraft zusammengehalten. Genau wie die Erde die Sonne umkreist, umkreist unser Sonnensystem das Zentrum unserer Galaxie. In diesem Fall dauert eine Umrundung aber 240 Millionen Jahre.

Alle Galaxien (zu diesem Thema folgt noch eine Erläuterung) werden ebenfalls durch die Gravitation zusammengehalten.

Dank der Gravitation war es erst möglich, dass sich alles so entwickelt hat, wie wir es kennen. Ohne diese Kraft gäbe es keine Galaxien, keine Sonnen, keine Erde und auch keine Menschen.

Die Gravitation ist wissenschaftlich beschrieben, doch hat

sich schon mal jemand Gedanken darüber gemacht, warum das so ist? Warum zieht ein schwererer Körper einen leichteren an? Mit einem Magnet kann ich etwas anziehen, das ist nachvollziehbar, aber wie letztendlich diese Schwerkraft entsteht, das kann bisher niemand genau erklären. Das ist immer noch ein ungelöstes Rätsel der Wissenschaft.

Die Lichtgeschwindigkeit

Die Entfernungen im Universum sind so groß, dass man sie mit normalen Maßeinheiten, wie Kilometer oder Meilen nicht mehr ausdrücken kann. Hier rechnet man mit Lichtjahren.

Das Licht hat immer die gleiche Geschwindigkeit. Es ist die einzige Konstante, die wir kennen. Alles ist veränderlich, das Licht aber bewegt sich immer mit der gleichen Geschwindigkeit.

Diese Geschwindigkeit beträgt 299 792 458 Meter in der Sekunde. Im Allgemeinen wird diese Zahl aufgerundet, damit es rechnerisch besser zu verstehen ist. Man redet dann von 300.000 km/sec.

Während man jede Geschwindigkeit verändern kann, ist dieses, wie bereits erwähnt, bei der Lichtgeschwindigkeit nicht möglich.

Dazu ein Beispiel:

Wenn ich einen Pfeil von einem Bogen abschieße, dann hat der Pfeil eine Anfangsgeschwindigkeit von ca. 100 km/h. Ich sage Anfangsgeschwindigkeit, weil der Pfeil ja, je länger er unterwegs ist, immer langsamer wird, bis er schließlich herabfällt. Fahre ich jetzt in einem offenen Auto mit und schieße den Pfeil von dort aus in Fahrtrichtung ab, dann ist die Geschwindigkeit des Pfeils höher. Nehmen

wir an, das Auto bewegt sich mit 50 km/h vorwärts. Dann bewegt sich jeder, der in diesem Fahrzeug sitzt, ebenfalls mit 50 km/h. Auch der Bogen mit dem eingespannten Pfeil, den ich in der Hand halte, bewegt sich logischer Weise mit dieser Geschwindigkeit. Schieße ich den Pfeil in Fahrtrichtung ab, dann kommt zu dem Tempo von 50 km/h, die der Pfeil ja schon drauf hat, noch die Abschussgeschwindigkeit von 100 km/h dazu. Der Pfeil ist demnach 150 km/h schnell.
Wenn ich eine Taschenlampe einschalte, dann bewegt sich das Licht, welches diese Lampe abstrahlt, mit ca. 300.000 km/sec. Nun nehme ich jetzt statt Pfeil und Bogen die Taschenlampe mit in das Auto. Wiederum fährt das Fahrzeug mit Tempo 50. Wenn ich nun mit der Taschenlampe in Fahrtrichtung leuchte, dann müsste sich die Geschwindigkeit des Lichts theoretisch um 50 km/h erhöhen. Doch das ist nicht so. Die Geschwindigkeit des Lichts erhöht sich nicht. Selbst wenn man die Lampe auf eine Rakete befestigen würde, die 100.000 km/h schnell wäre. Das Licht der Lampe bliebe konstant. Es würde sich weiterhin mit der Geschwindigkeit von 300.000 km/sec vorwärts bewegen.
Auch Licht besteht aus Teilchen. Diese winzigen Teilchen nennt man Photonen. Photonen kann man nicht sehen, aber jeder Lichtstrahl besteht daraus.
Wer hat nicht schon einmal einen Sonnenstrahl mit Hilfe eines Spiegels in eine andere Richtung gelenkt? In diesem Fall passiert folgendes: Die winzigen Energieteilchen, sprich die Photonen, prasseln mit Lichtgeschwindigkeit auf den Spiegel und werden mit der gleichen Geschwindigkeit umgelenkt. Das Wort „prasseln“ muss man allerdings vorsichtig auslegen, denn die

Lichtteilchen, sprich Photonen, sind reine Energieteilchen. Sie bestehen nicht aus Materie und haben keine Masse. Alles Licht, was wir sehen, besteht aus diesen Teilchen, die sich in Wellen, den Lichtwellen, fortbewegen.
Entfernungen zu fernen Sternen werden mit Lichtjahren gemessen. Ein Lichtjahr ist die Strecke, die das Licht in einem Jahr zurücklegt. Das sind 9,467 Billionen Kilometer.
Für den, der es ganz genau wissen will:
Ein Lichtjahr entspricht 9 467 077 800 000 km.
Es ist eine für uns fast unvorstellbare Strecke.
Wenn man sich vor Augen hält, dass bereits Galaxien entdeckt wurden, die viele Milliarden Lichtjahre von uns entfernt sind, dann wird einem erst die wahre Größe des Universums bewusst.
Hinzu kommt, dass ein Ende des Universums nicht absehbar ist. Der Kosmos ist unendlich.

Schwarze Löcher

Bereits im Jahr 1916 berechnete der deutsche Astronom Karl Schwarzfeld dieses Phänomen. Als Schwarze Löcher werden Objekte bezeichnet, deren Masse so unvorstellbar groß ist, dass nichts, aber auch gar nichts wieder aus ihnen herauskommen kann. Schwarze Löcher entstehen, wenn Sterne mit einer gewaltigen Masse kollabieren. Schwarze Löcher kann man nicht sehen, denn selbst Licht, was in ihnen hineinfällt, kommt nicht mehr heraus.
Ein Schwarzes Loch ist Milliarden mal schwerer als die Sonne. Die Materie in solchen Gebilden ist unvorstellbar dicht zusammengedrückt. So hätte unsere Erde mit all ihrer Masse darin nur noch die Größe einer Erbse. Mit anderen Worten: Eine Erbse, die das Gewicht der Erde hätte!

Man muss sich ein Schwarzes Loch wie einen großen Wasserstrudel vorstellen. Alles, was einmal in seinem Einzugsgebiet ist, hat keine Chance mehr, ihm zu entkommen. Es wird unwiderruflich hineingezogen. Dadurch, dass immer mehr Materie hineingezogen wird, vergrößert sich die Masse eines Schwarzen Loches immer mehr.
Was sich im Inneren eines Schwarzen Loches abspielt, das werden wir wohl niemals erfahren, denn es ist unmöglich ein solches Objekt zu erkunden. Selbst wenn wir die Möglichkeit hätten, eine Weltraumsonde in so ein Loch zu schicken, ohne dass sie dabei zerstört wird (was unmöglich ist), wie sollte uns diese Sonde mitteilen, wie es darin aussieht. Die Anziehungskraft ist so gewaltig, dass nicht einmal die Funkwellen der Sonde wieder herauskämen. Die Sonde hätte keine Möglichkeit uns mitzuteilen, was sie entdeckt hat.
Da alle Gesetze der Physik bei der Berechnung eines Schwarzen Loches nicht anwendbar sind, bezeichnet die Wissenschaft das, was darin ist, als Singularität. In dieser Singularität ist die Krümmung der Raumzeit so stark, dass die Gesetze der Allgemeinen Relativitätstheorie nicht mehr anwendbar sind. Hier versucht die Wissenschaft, die Gesetze der Quantengravitation (dazu später mehr) anzuwenden. Doch merkwürdigerweise sind auch diese Gesetze noch nicht genau bekannt. Versucht man aber, das Innere eines Schwarzen Loches mit Hilfe der Allgemeinen Relativitätstheorie zu beschreiben, dann erhält man unendliche Ergebnisse. Solche Ergebnisse kann es aber nach allen physikalischen Gesetzen nicht geben. Es gibt Schwarze Löcher, und dennoch sind sie etwas, was es eigentlich gar nicht geben dürfte, denn ein

Schwarzes Loch bedeutet das Ende von Zeit und Raum.

Die Quantentheorie

Die Quantentheorie, auch Quantenmechanik genannt, beschreibt die physikalischen Gesetze im Mikrokosmos. Es ist die Welt der Atome und Moleküle, der Elektronen und Photonen. Als Quanten werden die kleinstmöglichen Energieteilchen bezeichnet. Den Versuch, die physikalischen Gesetze der Allgemeinen Relativitätstheorie in dieser Welt anzuwenden, bezeichnet die Wissenschaft als Quantengravitation. Da es aber noch keine technischen Geräte gibt, die wirkungsvoll in dieses Gebiet eindringen können, bleibt die Quantenwelt für die Wissenschaft ein Buch mit sieben Siegeln. Wir wissen, dass es eine Quantenwelt gibt. Was sich in dieser Welt befindet und was darin vorgeht, das bleibt bisher aber ein geheimnisvolles Mysterium.

Galaxien

Unser Sonnensystem mit all seinen Planeten befindet sich in einer Galaxie. Galaxien sind gigantische Ansammlungen von Sternen, Staub- und Gaswolken.

Es gibt Galaxien in allen möglichen Formen und Größen. Die Galaxien werden in ein bestimmtes Schema eingeordnet. Dieses Schema entwarf der amerikanische Astronom Edwin P. Hubble, nach dem auch das berühmte Weltraumteleskop benannt wurde. Danach unterscheidet man Spiralgalaxien, Balkenspiralen, linsenförmige Galaxien und irreguläre Galaxien.

Zu den irregulären Galaxien gehören die sogenannten Zwerggalaxien. Sie sind nicht so sehr groß und haben auch nicht so viele Sterne.

Die größten Galaxien haben eine elliptische Form. Diese Galaxien können bis zu mehreren Hundert Milliarden Sterne beinhalten.

Spiralgalaxie

Unsere eigene Galaxie wird als Milchstraße bezeichnet. Sie ist eine Spiralgalaxie und enthält nach dem momentanen wissenschaftlichen Stand 100 bis 400 Milliarden Sterne. Unser eigenes Sonnensystem befindet sich im Außenbereich der Galaxie. Im Vergleich zu der Galaxie ist unsere Erde weniger, als ein Staubkorn in einer riesigen Wüste. Selbst unser „Heimatstern", die Sonne, ist in Anbetracht der gewaltigen Sternenmenge unscheinbar. Könnte man unsere Milchstraße aus der Ferne betrachten, dann wäre das Sonnensystem, in dem wir leben, angesichts der hunderten Milliarden von Sternen, gar nicht

auszumachen.
Unsere Heimatgalaxie hat einen Durchmesser von 100.000 Lichtjahren.
Der Stern, der unserer Erde am Nächsten ist, heißt Proxima Centauri. Er ist 4,2 Lichtjahre von uns entfernt. Es gibt nur 11 Sterne, die weniger als 10 Lichtjahre von uns entfernt sind.
Die Sternendichte am Rand der Galaxie ist nicht so groß. Im Zentrum der Galaxie ist die Dichte der Sterne wesentlich höher.
Im Zentrum unserer Galaxie befindet sich ein Schwarzes Loch.
Die Spiralgalaxie, die unserer Milchstraße am nächsten ist, heißt Andromedanebel. Der Andromedanebel ist 2,2 Millionen Lichtjahre von uns entfernt.
Unsere Milchstraße und der Andromedanebel gehören der sogenannten lokalen Gruppe an. Dieser lokalen Gruppe gehören ca. dreißig Galaxien an.
Solche Galaxiengruppen schließen sich wiederum zu Galaxienhaufen zusammen. Aus einer großen Anzahl von Galaxienhaufen bilden sich sogenannte Superhaufen.
Die Anzahl der Galaxien, die wir nachweisen können, beläuft sich auf mehr als 50 Milliarden. Die Wissenschaft geht aber davon aus, dass sich um uns herum eine unfassbare Menge an Galaxien befinden, da die allermeisten Galaxien zu weit weg sind oder zu schwach leuchten, um sie erkennen zu können. Nach neusten Erkenntnissen gibt es im Universum mehr als 1 Billion Galaxien.
Alan Dressler, Astronom vom Carnegie Observatorium, machte zum Thema Galaxien folgende Aussage:
„Eine Galaxie hat Ähnlichkeit mit einem lebendigen

Ökosystem. Es ist die Organisationsform im All, die Grundlage dafür, dass die Materie aus dem Urknall in eine reaktive Form gebracht wird. Es ist ein Laboratorium, in dem Sterne, Planeten, die Elemente und das Leben entstehen konnten. Das alles passiert in den Galaxien."

Materie

Materie ist ein alles umfassender Begriff. Alles, was wir kennen, besteht aus Materie, angefangen vom kleinsten Staubkorn bis hin zu den großen Galaxienhaufen. Auch jede Lebensform besteht daraus. Natürlich gibt es aber auch Ausnahmen. So bestehen zum Beispiel reine Energieteilchen, wie Photonen, nicht aus Materie, weil sie keine Masse haben.

Supernova

Als Supernova bezeichnet man die gewaltige Explosion eines Sterns.

Die größten Supernovae, so nennt man die Mehrzahl einer Supernova, entstehen aus Sternen von acht Sonnenmassen und mehr. Jede Sonne ist im Prinzip ein gewaltiger Kernreaktor. Es entstehen unglaubliche Energien, die normalerweise sämtliche Masse des Sterns ins All schleudern würden. Da ein Stern aber eine sehr große Masse hat, die auch über entsprechende Schwerkraft verfügt, wird der Stern dadurch zusammengehalten. Das heißt, der thermische Druck, der nach außen will, wird von der Schwerkraft zurückgehalten. Diese beiden Kräfte gleichen sich aus.

Manchmal passiert aber folgendes: Durch die Kernfusion im Zentrum eines Sterns entstehen verschiedene Elemente. Darunter ist auch Eisen. Die Verschmelzung eines

Eisenkerns liefert aber dem Stern keine neue Energie mehr. So kommt nach und nach die Kernfusion zum Stillstand. In dem Stern bildet sich eine Art Eisenkern. Wenn dieser Eisenkern eine Masse von 1,4 Sonnenmassen erreicht hat, dann ist dessen Schwerkraft so groß, dass die ganze Masse des Sterns nach innen gezogen wird. Der schwere Kern verdichtet sich immer mehr und auch der restliche Stern fällt in sich zusammen. Der Aufprall der Materie auf den Kern ist so stark, dass er eine gewaltige Schockwelle erzeugt. Diese Schockwelle zerreißt den Stern und er explodiert. Eine solche Supernovaexplosion ist so hell, als wenn 10 Milliarden Sterne gleichzeitig scheinen. Eine Supernova gibt auch so viel Energie ab, wie 10 Milliarden normale Sterne.
Die Chinesen erwähnen in einem Bericht aus dem Jahre 1054 n. Chr. von einem Stern, der plötzlich am Firmament erschien. Dieser Stern war so hell, dass er sogar tagsüber am Himmel zu sehen war. Es schien, als wären plötzlich zwei Sonnen vorhanden. Das, was die Chinesen sahen, war die Explosion einer Supernova. Die Reste von diesem kosmischen Ereignis können wir noch heute sehen. Es ist der Krebsnebel, der sich immer noch mit hoher Geschwindigkeit ausbreitet.

Die kosmische Strahlung

Die kosmische Strahlung ist eine energetische Strahlung. Sie geht überwiegend in Form von Elementarteilchen auf die Erde nieder. Man nennt sie auch Höhenstrahlung. Messungen ergaben, dass diese Strahlung zum größten Teil aus Protonen besteht. Treten diese Protonen innerhalb der Erdatmosphäre auf Atomkerne, dann können die Wissenschaftler viele verschiedene Vorgänge messen. Wie und wo diese kosmische Strahlung entsteht, das weiß man noch nicht. Es ist ebenfalls ein Rätsel, wie es möglich ist, dass diese Strahlung beinahe die Lichtgeschwindigkeit erreicht. Während einige Wissenschaftler und Wissenschaftlerinnen sagen, dass die Strahlung irgendwo aus unserer Milchstraße oder aus anderen Galaxien stammt, vertreten andere die These, dass sie einen anderen, unbekannten Ursprung hat, den man nicht lokalisieren kann. Die Richtung, aus der die Strahlung kommt, kann ebenfalls nicht bestimmt werden, weil die in der Strahlung vorhandenen Elementarteilchen geladen sind und somit von den Magnetfeldern unserer Galaxie abgelenkt werden. Die Kosmische Strahlung ist ein Vorgang, der noch lange rätselhaft bleiben wird. Tatsache ist aber, dass in jeder Sekunde pro Quadratmeter etwa 1000 dieser hochenergetischen Teilchen auf die äußere Erdatmosphäre treffen.

Ein Riesenschritt

Als der holländische Brillenmacher Hans Lippershey im Jahre 1608 das erste Fernglas erfand, konnte er noch nicht ahnen, zu welcher Technologie er damit den Grundstein gelegt hatte.

Seit der Erfindung des Fernglases suchten die Menschen damit den nächtlichen Himmel ab, um sich ein besseres Bild von den Sternen zu machen. Astronomen, wie Galileo Galilei und Johannes Kepler machten damit ihre ersten Entdeckungen.

Den nächsten großen Schritt in dieser Technologie machte Isaac Newton, als er im Jahre 1668 das erste Spiegelteleskop baute. Mit der Zeit wurden die Teleskope immer größer und immer gewaltiger. Der Mensch bekam

dadurch die Möglichkeit, immer tiefer ins All hinein zu sehen.
Eines der momentan größten optischen Teleskope ist das Keck-Teleskop im Mauna-Kea-Observatorium. Dieses Observatorium liegt auf Hawaii. Das Keck-Teleskop hat einen riesigen Hohlspiegel, der eine wahre Präzisionsleistung ist. Er hat einen Durchmesser von fast 10 Metern, ganz genau gesagt 9,82 m. Im Jahr 2027 soll das ELT(Extremely Large Telescope) mit eine Spiegeldurchmesser von 39m in Betrieb gehen.
Es gibt, was die Ausmaße angeht noch wesentlich größere Teleskope. Dabei handelt es sich allerdings um keine optischen Geräte, sondern um Radioteleskope. Die größte Radioteleskopanlage ist das VLA. Das ist die Abkürzung für „very large Array“. Diese Anlage steht ca. 80 Kilometer westlich von Socorro in New Mexiko. Dieses Teleskop besteht aus 27 beweglichen Antennen, die je einen Durchmesser von 25 Meter haben. Die Anlage ist 21 Kilometer groß und wurde in Form eines großen Ypsilons aufgestellt. Radioteleskope empfangen keine optischen Bilder, sondern, wie der Name schon sagt, Radiowellen. Die empfangenen Wellen werden später in „Bilder“ umgewandelt.
Die Beobachtung von fremden Sternen mit Hilfe eines Spiegelteleskops hat Nachteile. Die Erdatmosphäre verzerrt die Bilder der Sterne sehr stark. Trotz starker Teleskope gibt es, besonders bei weit entfernten Objekten, keine klaren Bilder. Dieses ist auch ein Grund, warum die meisten großen Teleskope auf hohen Bergen stehen. Dort ist die Atmosphäre nicht so dick und es sind dadurch weniger Störfaktoren vorhanden.
Am 24. April 1990 machte die Teleskop-Technologie einen

Riesenschritt. An diesem Tag brachte das Space-Shuttle Discovery das erste Weltraumteleskop in seine Erdumlaufbahn. Dieses Teleskop wurde nach dem amerikanischen Astronomen Edwin P. Hubble benannt. Das Hubble Teleskop hat einen Spiegeldurchmesser von nur 2,4 Meter. Mittlerweile gibt es weitere, hochauflösende Weltraumteleskope in der Erdumlaufbahn.

Da im All die störende Erdatmosphäre nicht mehr vorhanden ist, haben diese Teleskope eine zehnmal höhere Auflösung, als die stärksten Teleskope auf der Erde bei idealen Wetterbedingungen.

Das Hubble-Teleskop war von Anfang an mit fünf Detektoren ausgestattet, eine Weitwinkel-Planetenkamera, eine hochempfindliche Kamera, ein hochempfindlicher Spektrograph, ein hochauflösender Spektrograph und ein Photometer. Um hochgenaue astronomische Messungen, wie zum Beispiel die genaue Entfernung der Sterne zu errechnen, hat das Weltraumteleskop zusätzlich drei präzise justierbare Sensoren.

Nach dem Start des Teleskops warteten alle aufgeregt auf die ersten Bilder. Doch dann kam die große Enttäuschung: Die Bilder, die Hubble lieferte, hatten eine sehr schlechte Auflösung. Schließlich stellte man fest, dass der Spiegel einen Herstellungsfehler hatte. Sollte die ganze Arbeit und die immensen Ausgaben umsonst gewesen sein? Man beschloss, dem Teleskop eine „Brille“ zu verpassen, die den Fehler im Spiegel wieder ausgleicht. Im Dezember des Jahres 1993 reparierte die Besatzung der Raumfähre Endeavour das Teleskop. Danach funktionierte alles so, wie man es sich vorgestellt hatte.

Es gelang, mit Hilfe von Hubble, unglaubliche Aufnahmen zu machen. Die Bilder von Hubble zeigten fantastische

Gebilde, die vorher noch nie ein Mensch gesehen hatte. Das Weltraumteleskop gewährte einen so tiefen Blick in unser Universum, wie es noch niemals vorher möglich war. Eines dieser beeindruckenden Aufnahmen zeigt den Krebsnebel.
Die Astronomen entdeckten im Inneren dieses Nebels einen Pulsar, einen kollabierten Stern. Dieser Stern hat einen Durchmesser von nur zehn Kilometer, wiegt aber genau so viel, wie unsere Sonne. Er stößt so viel Energie aus, wie 130 000 Sonnen zusammen.
Auf den Bildern von Hubble konnte man wellenförmige Bewegungen erkennen, die aus dem Inneren des Krebsnebels heraus kamen.
Die Auswertung der Hubblebilder war nicht immer leicht, doch zum Glück ist die Wissenschaft so weit fortgeschritten, dass man am Licht eines Sternes seine chemischen Elemente und seine Temperatur ablesen kann.
Im Sternbild des Orions entdeckte das Weltraumteleskop etwas völlig Unerwartetes. Im Orionnebel befinden sich ca. 3000 neue Sterne. Die Astronomen datierten das Alter dieser Sterne auf eine Million Jahre. Das ist für Sterne sehr jung. Um diese Sterne herum sind riesige Ringe aus Materie zu sehen.
Auch im Adlernebel entdeckte das Hubble-Teleskop eine Brutstätte für neue Sterne. Auf den Fotos waren gigantische Materiewolken zu sehen. Diese Wolken sehen aus, wie unwirkliche, übergroße Monumente. Die Entfernung zu diesen Wolken beträgt etwa 7000 Lichtjahre. Jeder Stern, der sich in dieser Wolke neu entwickelt, ist von einer Hülle aus Gas und Staub umgeben, die so groß ist, wie unser gesamtes

Sonnensystem.
Hubble lieferte aber nicht nur Bilder von der Entstehung neuer Sterne, sondern auch vom Untergang der Sterne. Sterne, die einen Durchmesser von zwei bis vier Sonnenmassen haben, werden zu Neutronensterne. Sie sind klein und haben oft nur wenige Kilometer Durchmesser. Wenn diese Sterne vergehen, dann kommt es zu einer gewaltigen Explosion. Solche Sterne werden dann zu einer Supernova, die so hell ist, wie eine Milliarde Sonnen.
Das Hubble-Teleskop machte von einem solchen Ereignis eine fantastische Aufnahme, es lieferte Bilder der Supernova 1987A. Diese Bilder verblüfften alle. Die Wissenschaft blickte auf etwas bisher völlig Unbekanntes. Um die Supernova herum waren äußere Ringe zu erkennen. Bis heute kann sich noch kein Mensch erklären, woher diese Ringe kommen.
Der Kommentar eines Wissenschaftlers zu diesem Phänomen: „Wir haben nicht die geringste Vorstellung, wie diese Ringe entstanden sind und woher sie kommen. Wir ahnen nicht einmal, was in diesem Stern vor seiner Explosion vor sich ging."
Sterbende Sterne hinterlassen manchmal sehr bizarre Formationen. Auch hiervon machte Hubble beeindruckende Aufnahmen. Auf Fotos von einem Spiralnebel, dem Helixnebel im Sternzeichen Wassermann, sind Unmengen von kometenhaft anmutenden Gebilden zu sehen, die alle in gleicher Richtung „fliegen". Jeder dieser riesigen Brocken hat einen Schweif aus Gas, Gestein und Staub. Diese Gebilde werden als Gasknoten Bezeichnet. Jeder dieser riesigen Brocken hat ungefähr einen Durchmesser von 45 Milliarden Kilometer, das ist doppelt

so groß, wie unser gesamtes Sonnensystem. Jeder Schweif hat die unglaubliche Länge von mehr als 160 Milliarden Kilometer. Noch weiß niemand, wohin diese gigantischen Brocken ziehen und was aus ihnen wird. Man vermutet, dass sich die Größten von ihnen einmal in Schwarze Löcher verwandeln.
Das Weltraumteleskop fotografierte auch Schwarze Löcher und sogenannte Jets, die aus deren Mitte hinausschießen. Hubble machte ebenfalls Bilder von Materiewolken, die von Schwarzen Löchern angezogen werden, Schwarze Löcher, die mehr als eine Milliarden mal schwerer sind, als die Sonne.
Das Weltraumteleskop Hubble hat viele bestehende Theorien bestätigt, aber auch viele erschüttert. Ein Foto des Teleskops zeigte uns einen Blick ins Weltall, der so tief war, wie niemals zuvor. Diese Aufnahme war eine wissenschaftliche Sensation. Auf nur einem Foto waren 1500 neue Galaxien zu erkennen. Wenn dieses Bild, welches ja aus unserer Sicht, einen Ausschnitt des Universums abbildet, der kleiner ist, als ein Stecknadelkopf, bereits 1500 Galaxien zeigt, was würde dann ein noch stärkeres Teleskop erblicken? Dank Hubbles Bilder hatte sich die Anzahl der uns bekannten Galaxien um 45 Milliarden auf 125 Milliarden erhöht. Wie bereits im Kapitel über Galaxien erwähnt, wird die Anzahl der Galaxien heute auf mehr als 1 Billion geschätzt.

Makro- und Mikrokosmos

Als Erstes möchte ich die Worte eines Mannes benutzen, den ich auf Grund seines Wissens und seiner Gabe, dieses Wissen durch leidenschaftlich geführte Vorträge weiterzugeben, sehr bewundere. Es ist Professor Harald

Lesch von der Universitätssternwarte München, der mittlerweile auch wissenschaftliche TV-Sendungen moderiert. Auch wenn der Vortrag, den er über Dimensionen hielt, einige Zeit zurück liegt, so haben sich seine Worte tief in mir verankert. So benutzte er eine Einleitung, die in kurzer Form in eines der Themen einführte, welches dieses Buch beinhaltet.
Zitat Professor Lesch:
„Wir Menschen leben im Mesokosmos. Unsere Dimensionen, die wir um uns herum haben, sind im Meterbereich. Es gibt den Makrokosmos, das sind Galaxien und Galaxienhaufen. Dort messen wir Dimensionen, die Größe des Raumes und das, was sich dort bewegt. Da geht es um Milliarden, Billiarden, Trilliarden von Kilometern. Dort rechnen wir in Lichtjahren. Dort sind gewaltige Massen, die sich bewegen, die sich aufeinander zu bewegen und auf Grund der Gravitation quasi zusammenknallen. Es gibt Unmengen von solchen Massen. Es ist ein Riesengetümmel am Rand des sichtbaren Universums. Dort sind offensichtlich riesengroße Mauern aus unvorstellbaren Massen.
Das ist also das Große.
Und dann dagegen das Kleine, die kleinen Teilchen, Atomkerne, die Kerne in den Kernen, die Elementarteilchen, die die Atomkerne zusammenbauen, der Mikrokosmos. Bis man an dem Punkt angelangt, wo man nicht mehr Ursache und Wirkung unterscheiden kann. Es ist die sogenannte Quantenwelt, wo alles unwahrscheinlich wird. Selbst das Wahrscheinliche wird unwahrscheinlich. Eine Welt, von der man nicht weiß, was sie da alles so eigentlich erhält. Teilchen mit unglaublichen Energien prasseln aufeinander und halten die Materie und die

Kerne zusammen. Wie verbindet sich diese Miniwelt mit der wahnsinnig großen Welt?“

Mit dieser offenen Frage endet die Einleitung des Vortrags über Dimensionen. Professor Lesch hat beschrieben, wo wir Menschen, beziehungsweise, wo zwischen wir Menschen uns befinden: Zwischen einer großen und einer kleinen Welt.

Bleiben wir zunächst bei der kleinen Welt, die mindestens genauso viele Geheimnisse verbirgt, wie das große Universum.

Gäbe es eine Maschine, mit der man alles immer und immer wieder vergrößern könnte, dann würde man erstaunliches feststellen: Es gibt kein Ende der Vergrößerungen. Das heißt, man kann jedes Teil unendlich oft vergrößern. Es gibt niemals ein absolutes Nichts, es wird immer ein noch kleineres Teilchen geben.

Die kleinsten Teilchen, die wir heute kennen, sind die Quarks. Diese bilden in Dreiergruppen, also je drei von ihnen, die Protonen und auch die Neutronen, welche wiederum den Atomkern bilden.

Vereinfachte Darstellung vom Aufbau eines Atoms

Die kleinsten Teilchen sind die die Quarks. Je drei Quarks bilden ein Neutron oder ein Proton

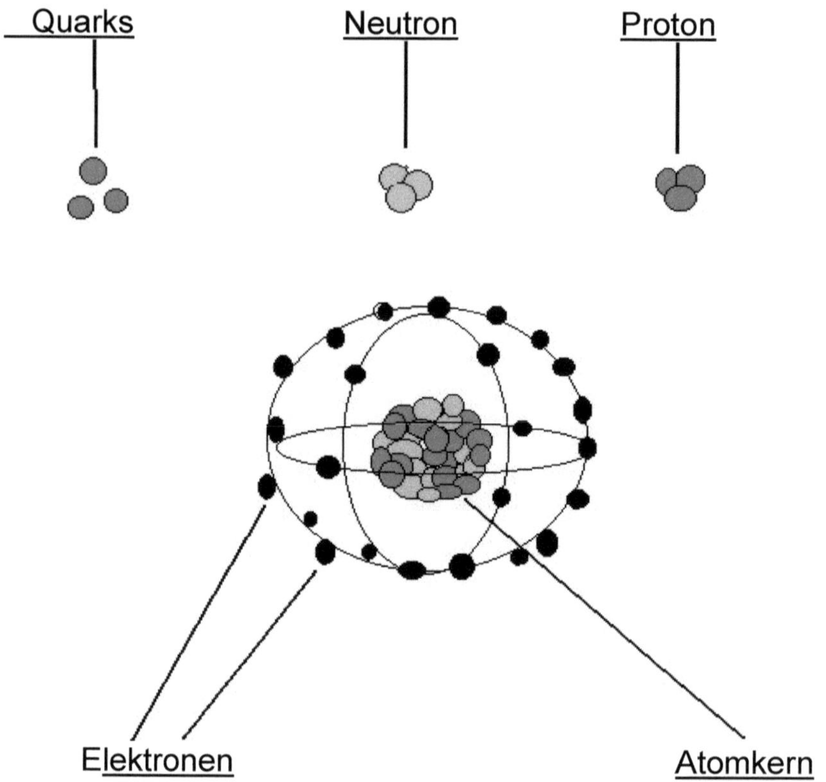

Der Atomkern setzt sich aus Protonen und Neutronen zusammen. Die Elektronen umkreisen im weiten Abstand den Atomkern. Sie bilden die Hülle des Atoms. Protonen sind positiv geladen und Elektronen negativ. Die Neutronen sind neutral.

Auch die Elektronen, die den Atomkern in einem großen Abstand umkreisen und so die Hülle des Atoms bilden, gehören zu den kleinsten Teilchen.
Die Darstellung auf der Vorseite ist sehr vereinfacht dargelegt. In Wirklichkeit bilden die Elektronen eine dichte Hülle um den Atomkern. Könnte man ein Atom extrem vergrößern, dann würde man sehen, dass die Hülle den Atomkern in einem sehr weiten Abstand umgibt. Zum Vergleich: Wäre die Hülle eines Atoms so groß, wie ein Fußballstadion, dann hätte der Atomkern die Größe einer Erbse auf dem Anstoßpunkt.
In Wirklichkeit aber sind die Atome so winzig klein, dass man sie selbst mit den allerbesten Elektronenmikroskopen nur sehr unscharf erkennen kann. Wem es interessiert, ein Atom hat die Größe von 10^{-10}m. Der Atomkern ist sogar nur 10^{-14}m groß. Aus diesen winzigen Bausteinen bestehen alle Dinge, die wir kennen. Jedes Lebewesen, jeder Planet und selbst die Sterne in den allerentferntesten Galaxien bestehen aus Atomen.
Auf dieses Thema will ich jetzt aber nicht weiter eingehen, denn ich denke, den Lesern und Leserinnen, die sich noch nie intensiv mit dieser Materie beschäftigt hat, qualmen jetzt schon die Köpfe und ich möchte nicht, dass sie wieder an den, für viele lästigen, Physikunterricht in der Schule erinnert werden und das Buch direkt wieder weglegen.
Es sei aber noch erwähnt, dass in diesen Mikrokosmos auch noch die Welt der Quanten gehört. Die Quanten sind die kleinstmöglichen Energieteilchen. Doch auf das Thema „Quantentheorie“ werde ich später eingehen.
Dennoch bleiben wir bei diesen kleinsten Teilchen.
Nehmen wir an, man könnte das kleinste Teilchen was wir

kennen, einen Quark, auch wenn es sich nur um eine Art Energieteilchen handelt, vergrößern, sagen wir auf die Größe eines Fußballs. Dann könnte man es zerteilen, um nachzusehen, wie es von innen strukturiert ist, also, wie es quasi von innen aussieht. Laut der Wissenschaft müsste hier die Welt der Quanten beginnen. Doch auch diese Welt wird logischerweise wiederum aus irgendetwas bestehen. Was für einen „Stoff“ wir in dieser, nach heutigen Erkenntnissen, nicht mehr materiellen Welt, vorfinden könnten, weiß niemand. Hier enden momentan die Möglichkeiten der Wissenschaft. Aber lassen wir doch mal unserer Fantasie freien Lauf und nehmen an, dass es in dieser Supermikrowelt eine Art unbekannter Materie gibt. Nimmt man von dieser Materie, egal, wie sie auch beschaffen ist, ein winziges Stück heraus und vergrößert auch dieses Stück auf die Größe eines Balls, dann hat man erneut die Möglichkeit, sich auch diese Sache genauer anzusehen. Natürlich gibt es in der Praxis solche Möglichkeiten nicht, doch theoretisch könnte man solche Vergrößerungen unendlich lange fortsetzen. Man würde immer wieder Neues und Unbekanntes entdecken. Man würde auf Welten stoßen, die der Mensch sich nicht einmal erträumen kann, denn der Mikrokosmos ist unendlich. Vielleicht kann man diese Welt noch besser verstehen, wenn man sich vorstellt, zu schrumpfen. Nehmen wir an, dass wir immer kleiner werden, so klein, dass die Quarks aus unserer Sicht die Größe eines Planeten haben. Nehmen wir weiter an, dass die Quarks eine weiche Hülle haben, in die wir eindringen. Wir werden immer und immer kleiner, bis wir auch die Welt der Quanten hinter uns gelassen haben. Wie diese immer kleiner werdende Welt beschaffen ist, weiß niemand.

Vielleicht besteht sie aus einer Art Energie-Atome. Wenn wir noch kleiner werden, was erwartet uns dann noch? Wie sehen die Bausteine von diesen „Quark-Atomen“ aus? Könnte es sein, dass wir auf eine Art unvorstellbar kleine Materie stoßen? Sind diese „Atome“ vielleicht Bausteine eines ganzen Miniuniversums in einem Supermikrokosmos? Ein Universum mit Galaxien, Sternen und Planeten? Und gibt es auf diesen Planeten vielleicht auch Leben?

Da, wo die Wissenschaft an ihre Grenzen stößt, ist es die Fantasie, die es uns ermöglicht, uns ein Bild von allem Unvorstellbaren zu machen, auch wenn dabei nur ein Fantasiegebilde herauskommt.

Doch zurück zur Realität.

Auch wenn es für viele schwer zu verstehen ist, der Mikrokosmos ist unendlich, doch diese Unendlichkeit in immer kleiner werdende Welten ist für uns einfach nicht vollstellbar.

Diese Unendlichkeit gilt natürlich auch für den Makrokosmos, der sich für uns als großes Universum darstellt. Hätte man die Möglichkeit, mit einem Raumschiff loszufliegen, dann würde man niemals ein Ende erreichen, egal, in welche Richtung man auch fliegt. Es gibt kein „nach links fliegen“ oder „nach rechts fliegen“, kein unten und kein oben, keinen Norden, keinen Süden, keinen Osten und keinen Westen. Es gibt nur den unendlichen Raum. Und selbst wenn es plötzlich nicht mehr weiter ginge, weil man irgendwo auf eine große Mauer stoßen würde, was ist dahinter? Was wäre hinter dieser Mauer? Egal, wie dick diese Mauer auch wäre, irgendwann hätte sie ein Ende und hinter der Mauer geht das Universum weiter, unendlich weiter.

Das uns bekannte Universum ist nur ein winzig kleines Teilchen von etwas Großem, etwas, das für uns, trotz aller Fantasie, für immer unvorstellbar bleiben wird. Der unendliche Raum, der uns umgibt, mit all seinen zigbillionen Galaxien, könnte ein mikroskopisch kleines Teilchen irgendeines gigantischen Gebildes sein, eines Gebildes, welches sich der menschlichen Vorstellungskraft entzieht. Wir wissen, dass ein Atom aus einem Kern und diesen Kern umkreisenden Elektronen besteht. Mit anderen Worten: Ein Atom ist eigentlich nur lockeres Gebilde und dennoch fügt sich alles, was wir kennen, angefangen von Lebewesen bis hin zu hartem Stahl aus solchen lockeren Gebilden zusammen. Auch wenn man es nicht vergleichen kann, aber eine Galaxie ist auch nur ein lockeres Gebilde. Man schätzt, dass allein unsere Milchstraße ein Gebilde aus 100 bis 400 Milliarden Sternen ist. So könnten doch die unzähligen Galaxienhaufen, also das komplette Universum, vielleicht eine, von vielen Zellen eines unvorstellbarem Etwas´ sein.
Die Expansion des Universums, also dessen ständige Ausdehnung, könnte sogar ein Hinweis darauf sein, dass dieses unvorstellbare Etwas sogar eine Art gigantischer Organismus sein könnte, ein Organismus, der wächst, ein Organismus, dessen Wachstum mit dem „Urknall“ begonnen hatte. Allerdings könnten wir bei einem solchen Organismus keinerlei bekannte Wissenschaft anlegen.
Die von einigen Wissenschaftlern und Wissenschaftlerinnen aufgestellte Vermutung, dass es neben unserem Universum noch Parallel-Universen gibt, würde diese Möglichkeit noch unterstreichen. Jedes Universum wäre dann eine Art Zelle und all diese Zellen bilden einen, für uns unvorstellbaren, Körper.

Wie gesagt, in Fantasie ist alles möglich, und wenn man es genau nimmt, könnte es sogar so oder so ähnlich auch in der Realität sein.

Gab es den Urknall wirklich?

Der Urknall ist etwas, mit dem alles begonnen hat. Obwohl der Urknall so gut wie wissenschaftlich belegt ist und es genaue Berechnungen darüber gibt, kann man diese Form des Ursprungs aber auch anzweifeln. Es gibt zu viele Widersprüche, die sich nicht nachvollziehen lassen. Es soll am Anfang aus dem Nichts eine winzige Energie entstanden sein, die explodiert ist. Aus dieser Energie ist dann alles entstanden. Selbst wenn ich die genauen Berechnungen des Urknalls nachvollziehe, habe ich berechtigte Zweifel. Es gibt dort Dinge, die einfach unmöglich sind.

Wie sollen aus einer winzigen Energie aus dem Nichts diese schier unglaublichen Unmengen an Galaxien durch eine Explosion entstanden sein? Wenn etwas explodiert, dann werden zwar alle Einzelteile auseinandergeschleudert, doch die Masse ändert sich nicht. Jetzt werden viele sagen, dass es ja Masse gibt, die auf kleinstem Raum zusammengepresst wurde. Das stimmt, denn es ist durchaus denkbar, dass es einen Stern gibt, der einen Durchmesser von 10 Meter hat, aber genau so schwer ist, wie die Erde. Doch beim Urknall war alles anders. Es soll nur eine winzige Energie gewesen sein, die plötzlich aus dem Nichts entstanden ist. Vorher gab es keine Materie.

Direkt nach dem Urknall soll es eine Singularität gegeben haben. Unter Singularität versteht man etwas, das man überhaupt nicht berechnen kann. Was in einer Singularität passiert, ist nicht nachvollziehbar. Als Singularität be-

zeichnet man Dinge, die da sind, obwohl es sie nach allen wissenschaftlichen Erkenntnissen nicht geben dürfte. Der Begriff Singularität wird aber zu einem späteren Zeitpunkt noch genauer erörtert.
Bis vor nicht allzu langer Zeit glaubte man noch, dass der Urknall vor ca. 15 Milliarden Jahre stattgefunden hat. Dank neuer Erkenntnisse, die man vor allem dem Weltraumteleskop Hubble zu verdanken hat, wurde das Alter zunächst auf 11 Milliarden Jahre bestimmt. Nach neuesten Erkenntnissen fand der Urknall aber vor 13,8 Milliarden Jahren statt.
Vor 13,8 Milliarden Jahren soll also alles angefangen haben und vorher gab es nichts.
Es folgt nun eine kurze Zusammenfassung der Urknall-theorie, so wie sich die Wissenschaft den Beginn unseres Universums vorstellt.
Für die Leser, denen diese Beschreibung zu „physikalisch" ist, stelle ich den Urknall danach noch einmal vereinfacht da.
Zunächst gab es nichts. Es gab keine Materie, es gab keinen Raum und es gab keine Zeit. Dann, ganz plötzlich, bildete sich eine winzige Energie aus diesem Nichts. Diese winzige Energie explodierte zum Urknall. Die Vorgänge, die für das heutige Bild des Universums entscheidend waren, passierten in den aller ersten Sekundenbruchteilen nach dem Knall. Diese Zeitspanne nennt man die Planck-Ära. Sie dauerte, vom Zeitpunkt des Urknalls an gemessen, ganze 10^{-43} Sekunden. In dieser fast gar nicht messbaren Zeit sollen der Raum und die Zeit entstanden sein. Alle anderen Kräfte waren noch als eine Kraft miteinander verbunden. Diese Kraft nennt man die Urkraft. In den nächsten Sekundenbruchteilen, nach 10^{-35}

Sekunden, waren aus der Urkraft die vier Grundkräfte entstanden, die Schwerkraft, der Elektromagnetismus und die starke und schwache Kernkraft. Ein paar weitere Sekundenbruchteile später entstanden bereits die ersten Elementarteilchen, die für die spätere Bildung des heutigen Universums zuständig waren. Der Urknall war so gewaltig, dass sich bereits Sekunden danach das Weltall auf das 10^{50}fache ausdehnte. 300.000 Jahre nach dem Urknall bildeten sich aus den Elementarteilchen schließlich die ersten Atome. Diese sammelten sich nach und nach in großen Wolken. Daraus entstand schließlich alles, was wir kennen, die Galaxien, die Sterne und die Planeten.

So sieht die Urknalltheorie in einer groben Zusammenstellung aus. Die Urknalltheorie beinhaltet auch die Entstehung von Quarks, Leptonen, Neutronen, Neutrinos, usw., usw. Noch näher auf diese komplexen physikalischen Vorgänge einzugehen, wäre für den Leser eine Zumutung, denn es gibt dabei Dinge, die selbst die Wissenschaftler noch nicht erklären können.

Nun die versprochene Kurzfassung des Urknalls:

Aus dem Nichts heraus gab es eine gewaltige Explosion. In dieser Explosion entstanden in einer extrem kurzen Zeitspanne (diese Zeitspanne ist so kurz, dass kein Lebewesen, das wir kennen, sie überhaupt wahrnehmen könnte) alle Voraussetzungen, um später die Materie für alles zu bilden, was wir heute kennen. Auch heute fliegen noch alle Dinge, die damals entstanden, mit hoher Geschwindigkeit auseinander. Das Universum dehnt sich aus.

Um diese Ausdehnung verständlicher zu machen, greife ich auf das Beispiel des Luftballons zurück, der auf-

geblasen wird.
Bevor man diesen Ballon aufbläst, malt man viele Punkte darauf. Diese Punkte sollen die Galaxien darstellen. Bläst man nun den Luftballon auf, dann dehnt sich seine Hülle aus und alle Punkte (Galaxien) darauf entfernen sich vom Mittelpunkt. Wenn man vor dem Aufblasen die Abstände zwischen den Punkten gemessen hat, wird man feststellen, dass diese Abstände nach dem Aufblasen größer geworden sind. Die Punkte (Galaxien) entfernen sich voneinander. Je größer der Ballon aufgeblasen wird, desto größer sind auch diese Abstände.
Genau so ist es mit dem Universum, wenn man davon ausgeht, dass es den Urknall, so, wie man glaubt, wirklich gegeben hatte. Alle Galaxien streben vom Mittelpunkt des Knalls nach außen. Sie entfernen sich voneinander.
Doch wie sind die Wissenschaftler eigentlich darauf gekommen, dass sich die Galaxien voneinander weg bewegen?
Man stellte im Licht weit entfernter Galaxien eine Rotverschiebung fest. Jemand, der sich mit dieser Materie noch nie auseinander gesetzt hat, wird sich jetzt fragen: „Was ist denn eine Rotverschiebung?“
Nun, ich werde versuchen, es einigermaßen verständlich zu erklären. Am besten geht das anhand des sogenannten Dopplereffekts.
Wenn sich etwas, das irgendwelche Wellen (Lichtwellen, Schallwellen, usw.) aussendet, auf einen Beobachter zu- oder wegbewegt, dann entsteht dieser Effekt.
Beispiel: Stellen wir uns vor, wir sitzen an einer Rennstrecke und ein Rennauto fährt vorbei. Zunächst kommt das Fahrzeug auf uns zu. Die Motorgeräusche hören sich hoch an. Sobald das Auto an uns vorbeifährt,

hören wir das Motorgeräusch in einem tieferen Ton. Die Tonlage ist eindeutig gesunken. Man versteht es besser, wenn man die Augen schließt und sich einen Rennwagen vorstellt, der von links nach rechts an einem vorbeirast. Welches Geräusch gibt er dabei von sich? Zunächst ist der Ton hoch, und wenn das Auto vorbeifährt, wird der Ton tief. Augen wieder aufmachen! Der Ton, den wir hören, besteht aus Schallwellen, die unserer Ohren wahrnehmen. Zunächst kommen die Schallwellen des Autos schneller auf uns zu, weil zu der Schallgeschwindigkeit noch die Geschwindigkeit des Wagens hinzukommt. Die Wellen werden regelrecht zusammengedrückt. Daher kommt der hohe Ton. Entfernt das Fahrzeug sich, dann treffen diese Wellen den Beobachter langsamer und der Ton wird tiefer.
Dieser Effekt tritt auch bei Lichtwellen auf. Vielleicht kann sich noch jemand an den diagonal durchgetrennten Glaswürfel, dem Prisma, in der Schule erinnern, mit denen man die Spektralfarben erkennen konnte. Alles Licht, was dort einfiel, zeigte sich in den buntesten Regenbogenfarben. Ähnlich verfährt man mit dem Licht der Sterne. Man vergrößert die Spektralfarben. Dieses Farbspektrum wird in Linien unterteilt und schon kann man erkennen, ob sich die Lichtquelle, in unserem Fall ein Stern oder eine Galaxie, von uns wegbewegt. Hier spielt die Verschiebung zur Farbe Rot eine große Rolle. Die Spektralanalyse aller weit von uns entfernten Galaxien weist eine Rotverschiebung auf. Das bedeutet, dass sich alle Galaxien von uns wegbewegen. Mit anderen Worten: Das Universum dehnt sich aus, es expandiert.
Daraus schloss man, dass es einmal einen Urknall gegeben haben muss.

Trotz der ganzen physikalischen Berechnungen, auf denen diese Theorie beruht, kann man nicht alles nachvollziehen. Diese Berechnungen reichen bis kurz nach dem Urknall. Den Zeitraum unmittelbar nach dem Urknall können aber bis heute nicht einmal die klügsten Köpfe der Physik berechnen und den Urknall selbst erst recht nicht.
Würde man Wissenschaftler und Wissenschaftlerinnen, die sich intensiv mit dieser Materie beschäftigen, fragen, was vor dem Urknall war oder woraus der Urknall entstanden ist, dann würden sie mit Sicherheit nur unwissend mit den Schultern zucken. Laut der Theorie gab es vor dem Urknall nichts.
Das soll mir einmal Jemand erklären!
Durch den Urknall entstand der Raum.
Wenn es vorher keinen Raum gab, was gab es dann? Gab es einen Nicht-Raum?
Nach dem Urknall entstand die Zeit. Vorher gab es keine Zeit.
Wie kann es keine Zeit geben?
Es gab also keinen Raum und keine Zeit. Mit anderen Worten: Es gab nichts. Was ist „Nichts“? Auf diese Frage hin erntet man wieder ein wissenschaftliches Schulterzucken.
Man glaubt zu wissen, dass 300.000 Jahre nach dem Urknall sich die ersten Atome bildeten und dass in exakten 10^{-43} Sekunden der Raum und die Zeit entstanden, alles wissenschaftlich belegt und berechnet. Das geschah vor 13,8 Milliarden Jahren und seitdem dehnt sich das Universum wie eine Blase gleichmäßig aus. Mittlerweile wurden aber Galaxien entdeckt, die 17 Milliarden Jahre alt sein sollen. Das passt irgendwie nicht. Würde man die Möglichkeit eines „wachsenden Universums“ zu Grunde

legen, können es durchaus beide Zeitangaben stimmen. Denn dann hätte es niemals ein Nichts gegeben. Es könnten Dinge, die vor 13,8 Milliarden Jahren, als das Wachstum begonnen haben soll, bereits so weit im Raum gewesen sein, sodass ein Alter von 17 Milliarden Jahre dann normal wären. Mit Sicherheit wird man, wenn die Technik weiterhin so fortschreitet, auch Objekte im Raum entdecken, die 20 oder 30 Milliarden Jahre alt sind.
Als man bei der Auswertung von Bildern des Hubble-Teleskops auf etwas Unerwartetes stieß, waren alle verblüfft. Das, was man entdeckt hatte, waren Materieklumpen, die sich offensichtlich zu neuen Galaxien vereinigten. Dieser Vorgang war so noch niemals vorher fotografiert worden. Es war eine sensationelle Entdeckung. Hubble lieferte eine Aufnahme, welche die Zeit kurz nach dem Urknall zeigte. Es war für die Wissenschaft ein Blick in die allertiefste Vergangenheit. Diese Materieklumpen sind die Vorläufer der heutigen Galaxien und waren viele Jahre lang der Heilige Gral der Astronomie. Dank Hubble hatte man nun zum ersten Mal die Möglichkeit, zu sehen, wie sich die Galaxien gebildet haben.
Keiner der Wissenschaftler und Wissenschaftlerinnen weiß aber, wie diese von Hubble fotografierte Stelle im All heute aussieht, denn das, was man sieht, geschah vor ca. 11 Milliarden Jahren. Als man die Daten des Weltraumteleskops ausgewertet hatte, lagen schließlich neue Ergebnisse vor. Nun wurde eine Zeitspanne von 8 bis 12 Milliarden Jahre festgelegt. Danach wäre das Universum jünger, als einige der ältesten uns bekannten Sternhaufen. Irgendwie passte das nicht zusammen.
Dazu äußerte sich Ed Weiler von der NASA folgender-

maßen:
„Es ist ein Paradoxum. Wie kann die Mutter jünger sein, als die Tochter? Es ist ein ernsthaftes Problem, denn es zeigt, dass wir irgendetwas noch nicht richtig verstanden haben. Vielleicht begreifen wir die Folgen des Urknalls noch nicht so ganz oder der Fehler liegt bei der Altersbestimmung der Sterne. Wir haben Sterne, wie die Sonne, bereits seit Jahrzehnten studiert und glauben, auf diesem Gebiet gültige Erkenntnisse zu besitzen. Wenn sich unsere Methoden jetzt als falsch erweisen sollten, dann haben wir ein echtes Problem."
Es gibt also gravierende Probleme, das Universum wirklich so zu berechnen, dass es ins jetzige Bild passt. Mittlerweile hat man sich den Berechnungen nach auf ein Alter von 13.8 Milliarden Jahre festgelegt.
Auch bleibt immer noch die Frage offen, wie aus einer winzigen Energie sämtliche Materie, all diese gigantisch großen Massen, die das Universum bilden, entstanden sein soll.
Wenn man aber logisch über diesen Vorgang nachdenkt, dann wird man darauf kommen, dass es nur eine Art gibt, aus wenig Grundmaterial eine große Masse zu schaffen.
Diese Möglichkeit heißt Wachstum.
Wenn man sich vorstellt, dass das Universum das Teilchen eines unvorstellbar gigantischen Gebildes ist, welches im Begriff ist, zu wachsen, dann passt alles. Dann hätte man auch für so manches Rätsel, welches die bisherige Urknalltheorie uns noch aufgibt, eine einleuchtende Erklärung. Dann kommt es auch nicht darauf an, ob das Universum ein paar Milliarden Jahre jünger oder älter ist. Wachstum kann unterschiedlich sein. Ein Teil des Gebildes wächst schneller, der andere eben

langsamer.
Die Wissenschaft erklärt den Urknall meist an Hand des bereits erwähnten Ballons, der sich ausdehnt. Das Beispiel passt zu der Urknalltheorie, wie man sie sich bisher vorstellte. Den Ballon sollte man aber besser vergessen. Man sollte sich lieber einen Apfel vorstellen, der an einem Baum wächst. Am Anfang ist dieser Apfel winzig klein, wächst aber dann bis zur Reife heran. Auf der Außenhaut des Apfels könnte man ebenso Punkte malen, die Galaxien darstellen sollen. Auch diese Punkte (Galaxien) entfernen sich mit dem Wachstum voneinander. Genau, wie bei einem Apfel, könnte auch beim Universum das Wachstum unterschiedlich sein. In diesem Fall wäre es normal, dass Galaxien, die weiter weg sind, älter sein können als welche die nicht so weit von uns entfernt durch das All schweben. Nach der Urknalltheorie ist alle Materie nur auf der Hülle des sich ausdehnenden Ballons. Im Inneren ist nichts, denn schließlich hat die Explosion des Urknalls alles nach außen weggeschleudert. Die Überlegung über ein wachsendes Universums würde aber die Möglichkeit offen legen, dass immer mehr Materie von innen nachwächst. Auch hier kann man sich wieder einen wachsenden Apfel als Beispiel nehmen, denn auch ein Apfel wächst von innen heraus. Der Apfel ist innen nicht hohl, sondern gefüllt von Materie. Auch das Universum wäre dann keine hohle Kugel.
Viele Fragen, die bei der bisherigen Theorie noch offen bleiben, können an Hand eines mit Materie gefüllten Universums plausibler erklärt werden.
Es könnte den Urknall, wie ihn sich die Wissenschaft heute vorstellt, so nicht gegeben haben. Es sprechen

einfach zu viele Gründe dagegen. Es ist einfach unmöglich, dass es vorher nichts gab. Eigentlich ist das Universum unendlich. Nach der bisherigen Urknalltheorie kann es aber nicht unendlich sein. Es müsste da aufhören, wo das Ende des expandierenden Weltalls ist, also an den am weitesten vom Mittelpunkt des Urknalls entfernten Materieteilchen. Am Beispiel des Ballons wäre das die äußerste Hülle.
Doch wenn das Universum dort aufhört, was ist hinter diesem Ende des Universums? Ist dort wieder ein Nichts?
Ich weiß zwar, dass unsere Intelligenz nicht in der Lage ist, den Begriff „Unendlichkeit" wirklich richtig zu erfassen, und trotzdem weiß ich, dass es die Unendlichkeit gibt, ja, geben muss.
Nach der Urknalltheorie entstand auch die Zeit. Mit anderen Worten würde das bedeuten, dass auch der größte Zeitbegriff, den wir kennen, die Ewigkeit, nicht existiert. Es gab schon immer irgendetwas und es wird auch immer irgendetwas geben, das ist Ewigkeit.
Wenn, wie es von der Wissenschaft errechnet wurde, alles was wir kennen durch den Urknall vor 13,8 Milliarden Jahren entstanden ist, was war dann vor 20 oder 30 Milliarden Jahren? Was war vor Billionen Jahren oder noch früher? Nichts?
Nach allen Regeln der Physik wäre der Urknall, wenn es ihn denn gab, in der Tat so abgelaufen, wie man glaubt. Etwas macht mich dennoch stutzig. Als es zum Urknall kam, gab es zuerst nichts. Es gab also auch keine physikalischen Vorgänge. Wie will man dann auf Grund der Physik den Urknall berechnen, wenn es die Physik zu dem Zeitpunkt noch gar nicht gab?
Allerdings bin ich mir ganz sicher, dass es noch andere

Naturgesetze gibt, die wir gar nicht erfassen können. Es sind Naturgesetze, die unsere bekannte Physik unter bestimmte Voraussetzungen außer Kraft setzen.
Ein Blick in die Vergangenheit zeigt uns, dass die Welt der Wissenschaft zunächst von der Urknalltheorie alles andere, als begeistert war. Fast alle waren erschrocken. War doch die gute alte Theorie vom statischen Raum viel einfacher und leichter zu berechnen. Nach dieser Theorie war nämlich alles schon immer da und man glaubte, dass das Universum unendlich ist. Dennoch ließen die wissenschaftlich und streng nach den Regeln der Physik erarbeiteten Forschungsergebnisse bald schon keinen Zweifel mehr an der Urknalltheorie.
Die ersten Hinweise auf diesen Urknall fand der Astronom Vesto Melvin Slipher bereits im Jahre 1913. Der Amerikaner war der Erste, der entdeckte, dass sich die Galaxien alle auseinander bewegten. Dieses stellte er an Hand der bereits erwähnten Rotverschiebung fest. Als er damals seine Forschungsergebnisse auf einem Kongress vortrug, waren die Anwesenden begeistert. Zu den Zuhörern gehörte auch Edwin Hubble. Dieser nahm später Sliphers Beobachtungen in sein neues Bild vom Universum auf. Doch nicht alle Wissenschaftler waren damals von dieser neuen Theorie des auseinanderstrebenden Alls so ganz einverstanden. Ein bedeutender Mann, der durch seine Relativitätstheorie berühmt geworden war, nämlich Albert Einstein, konnte sich mit dieser Vorstellung anfangs einfach nicht anfreunden.
In einem Brief an seinen holländischen Kollegen Willem de Sitter schrieb er: „Dieser Fall des expandierenden Universums ist irritierend.“ In einem anderem Brief war zu lesen: „Die Zulassung solcher Fälle scheint mir sinnwidrig

zu sein.“ Einstein störte es, dass die Welt einen Anfang hatte. Das passte nicht in sein damaliges Konzept. Er war ein gläubiger Mensch, der zwar nicht an die Schöpfung glaubte, so, wie sie in der Bibel beschrieben wird, sondern für ihn wurde die Existenz Gottes durch die Gesetze der Natur bewiesen. Er glaubte, Gott war für die Tatsache verantwortlich, dass im Universum Ordnung herrschte und dass der Mensch eines Tages diese, von Gott gegebene Ordnung entdecken würde.

Edmund Hubble, der ja auch Sliphers Vorlesung gehört hatte, arbeitete mit dem seinerzeit größten Spiegelteleskop der Welt. Er und sein Kollege Humason konnten durch ihre Beobachtungen die neue Theorie bestätigen: Alle Galaxien streben auseinander. Dabei erreichen sie Geschwindigkeiten von 100 Millionen km/h. Hubbles Beobachtungen sind als „Hubbles Gesetz“ bekannt geworden: „Je weiter entfernt eine Galaxie ist, desto schneller bewegt sie sich.“

Einsteins Glaube an das statische Universum änderte sich erst, als er Hubble besuchte und seine Aufnahmen studierte. Nun zweifelte auch Albert Einstein nicht mehr. Es stand auch für ihn fest, dass es einen Anfang gab.

Dennoch kann man in den Arbeiten vieler Wissenschaftler und Wissenschaftlerinnen der damaligen Zeit die zweifelnden Fragen lesen: „Was war vor dem Anfang?“ Der britische Theoretiker Edward Milne schrieb eine mathematische Arbeit über Relativität. Diese Arbeit endete mit den Worten: „Was den Ursprung des Universums betrifft, kann der Leser selber einsetzen, was er für richtig hält – aber unser Bild ist unvorstellbar ohne IHN.“ Mit IHN meinte er Gott.

Der deutsche Chemiker Herman Nernst schrieb: „Die

unendliche Dauer der Zeit ist zu verneinen, es heißt, die Grundlage der Wissenschaft zu verraten."

Obwohl es den Urknall nach den physikalischen Gesetzen gegeben haben muss, konnten sich viele mit diesen Gedanken nicht anfreunden.

Mit der Möglichkeit vom wachsenden Universum, in der es keinen Urknall gab, sondern das Wachstum von etwas Unvorstellbarem begann, können sich heute ebenfalls die Meisten nicht anfreunden. Doch wenn in Zukunft weiterhin so viele neue Galaxien und so viel neue Vorgänge, die es eigentlich gar nicht geben dürfte, entdeckt werden, dann werden alle einsehen müssen, dass es auch eine andere Möglichkeit geben kann.

Laut der Urknalltheorie streben alle Galaxien auseinander. Sie entfernen sich voneinander. Doch nun hat man entdeckt, dass sich in bestimmten Raumabschnitten genau das Gegenteil abspielt. Dort treiben Galaxien aufeinander zu. Wie ist das möglich? Darüber zerbricht sich die Wissenschaft noch den Kopf. Eine Antwort kennt man nicht.

Ein unregelmäßiges Wachstum wäre allerdings eine plausible Erklärung. Ein Wachstum muss sich nicht nur nach außen vollziehen. Es kann auch etwas zur Seite wachsen.

Auch unsere Nachbargalaxie, der 2,3 Millionen Lichtjahre entfernte Andromedanebel, treibt genau in die Richtung unserer Galaxie. Er rast mit einer Geschwindigkeit von ca. 500 000 km/h auf unsere Milchstraße zu. Wahrscheinlich wird es zwischen dem Andromedanebel und unserer Galaxie zu einer Kollision kommen. Doch wir Menschen brauchen davor keine Angst zu haben. Wenn es zu einer solchen Kollision kommt, dann passiert das erst in

ungefähr 5 Milliarden Jahren. Dann dürfte es, wenn alles normal verläuft, sowieso keine Menschen mehr geben. Dann hat sich das Thema Menschheit wahrscheinlich erledigt (Dazu später mehr).
Nach allerneusten Erkenntnissen ist die Urknalltheorie einfach nicht mehr haltbar. Neuste Berechnungen ergaben, dass sich das Universum mit einem Mal immer schneller ausdehnt. Die Wissenschaft ist verwirrt. Statt der eigentlich erwarteten Verlangsamung der Ausdehnung, rasen die Galaxien mit immer höherer Geschwindigkeit von einander weg. Eine Explosion, wie der Urknall, schleudert alles mit einer hohen Anfangsgeschwindigkeit auseinander. Nach und nach verringert sich diese Geschwindigkeit aber. Im Vakuum des Raumes könnte die Geschwindigkeit ohne gravitativen Einfluss sogar konstant bleiben. Aber die Tatsache, dass sich die Geschwindigkeit erhöht, kann nur bedeuten, dass etwas mit unterschiedlicher Intensivität wächst. So wächst der Apfel bei schönem Wetter auch schneller, als wie bei schlechtem. Jede Pflanze wächst nach dem Düngen schneller, als vorher. Den Grund für das schnellere Wachstum des Universums kennen wir zwar nicht, doch es ist eindeutig ein Indiz für die Wachstumstheorie.
Fazit: Die Urknalltheorie besagt, dass aus dem Nichts plötzlich eine winzige Energie entstand, die explodierte. Alles was wir kennen, die Planeten, die Sterne, die abermilliarden Galaxien und auch wir Menschen, entstanden daraus. Alles entstand aus dieser winzigen Energie, die da aus dem Nichts auftauchte. Für mich hört sich das doch sehr nach Utopie an, nach Science Fiktion. Die Wissenschaft versucht, eine winzige Energie, die aus dem Nichts kam, zu berechnen, von der sie gar nicht

weiß, ob es sie je gab. Es gibt keine logische Berechnung, keine Beweise und keine Fakten. Es gibt nur eine sehr utopische Vorstellung.
Die Möglichkeit des wachsenden Universums ließe aber die Eventualität zu, dass etwas bereits Vorhandenes anfing zu wachsen. Es gab kein Nichts, denn Materie war schon immer da. Das Universum wächst ungefähr genauso, wie ein Apfel am Baum. Natürlich kann man zwischen Apfel und Universum keinen direkten Vergleich ziehen, doch als Beispiel kann es durchaus dienen. Ein Organismus, der auf unserer Erde wächst, entsteht aus Materie, die sich aus dem Umfeld Energie zum Wachsen holt. Auch im Universum hat man nun eine unerklärliche Energie entdeckt, die sogar die Schwerkraft überwindet (Zu dieser sensationellen Entdeckung später mehr).
Nun meine Frage an die Wissenschaft:
Was ist plausibler, eine winzige Energie, die so einfach aus dem Nichts auftaucht oder ein Körper, der ähnlich wächst, wie ein Organismus auf der Erde, nur in einem viel gigantischeren Ausmaß?

Die String – Theorie

Seit einigen Jahren stellen ein paar Wissenschaftler die Theorie auf, dass es zu Beginn des Universums, also beim Urknall, noch keine Materie gab, so wie wir sie heute kennen. Statt der kugelförmigen Materie soll es so etwas, wie kleine Fädchen gegeben haben. Diese Fädchen, so die Wissenschaftler, haben Schwingungen ausgesandt. Die Wissenschaftler bezeichneten diese Fädchen als Strings. Diese winzigen Strings sollen danach der Anfang von allem gewesen sein.
Nach dieser Stringtheorie entstanden die anderen Teil-

chen erst später. Daraus könnte dann die Quantenwelt und die restliche Welt entstanden sein.
Obwohl es auch dazu schon viele Berechnungen gab, ist auch diese Theorie nur eine Idee, denn keiner weiß, wie man sich einen solchen Vorgang genau vorstellen soll und welche Mathematik man bei dessen Berechnungen anwenden soll. Es passt einfach nichts.
Nach dieser Theorie müsste es kurioserweise nicht nur drei, sondern bis zu 26(!) Dimensionen geben. Das wiederum ist praktisch unmöglich, denn in einer Welt, die nicht dreidimensional ist, könnten wir Menschen nicht existieren. Es könnte überhaupt nichts mehr existieren. Unser gesamtes Raumgefüge würde es dann nicht geben.
Die Erfinder der Stringtheorie behaupten, dass wir nur drei Dimensionen erkennen können. Alle anderen Dimensionen sollen irgendwo „aufgerollt" im Raum sein.
Das sind einfach unglaubliche Vorstellungen. Dennoch, wie skeptisch war die Wissenschaft, als Albert Einstein seine Relativitätstheorie veröffentlichte?
Ich persönlich aber kann und will mich nicht mit einer solchen Theorie anfreunden. Sie ist in meinen Augen nicht haltbar und sie ist mir zu „fadenscheinig".

Das Geheimnis der Dunklen Materie und der Dunklen Energie

Für Unregelmäßigkeiten im Raumgefüge könnte auch die sogenannte Dunkle Materie verantwortlich sein. Allerdings ist die Dunkelmaterie etwas, was wir nicht kennen. Man schätzte zunächst sogar, dass 90% aller Materie aus dieser Dunkelmaterie besteht. Diese geheimnisvolle unbekannte Materie sind gewaltige Masseansammlungen im Universum. Wir können sie nur nicht sehen. Dafür möchte

ich folgendes Beispiel geben:
In einem fensterlosen Saal wurde eine große Modelleisenbahnanlage gebaut. Oben, um den Raum herum, wurde ein galerieartiger Gang gebaut, damit jeder auf diese tolle Modellbahnanlage hinabsehen kann. Wenn das Licht in diesem Raum angeschaltet ist, dann kann man die ganzen Details der Anlage erkennen. Die Modelleisenbahner haben ganze Miniaturstädte gebaut. Es gibt Straßen, auf denen kleine Autos und sogar Fußgänger zu sehen sind. Außerhalb der Städtchen ist eine naturgetreu nachgebildete Landschaft zu sehen. Es gibt Felder, Wiesen, Wälder und sogar Berge. Da sind grasende Kühe und Pferde zu sehen. Auch eine Schafherde nebst Schäfer wurde nicht vergessen. Durch diese wunderbar modellierte Landschaft fahren Züge durch Bahnhöfe, über Brücken und durch Tunnel. Die Erbauer dieser Modelbahn haben wirklich an alles gedacht. Einige der Gebäude sind sogar beleuchtet. So sieht man durch die Fenster eines Bahnhofs und eines Rathauses ein Licht schimmern. Außerhalb der Stadt befindet sich eine kleine Hütte, die ebenfalls von innen beleuchtet ist. Weiterhin gibt es noch einige Miniatur-Straßenlaternen, in denen kleine Lämpchen brennen. Auf den Gleisen, die diese Anlage durchziehen, fahren viele Züge. Es gibt Personenzüge und Güterzüge, die bis zu 20 Wagons hinter sich herziehen. Auch von den Lokomotiven ist eine beleuchtet.
Der Betrachter dieser Modelbahnanlage kann diese wunderschön angefertigten Details gar nicht auf einmal erfassen, so vielfältig sind sie. Er braucht schon einige Zeit, um wirklich alles zu sehen, was die Modellbauer da geschaffen haben.
Schaltet man aber plötzlich das Licht dieses Saales aus,

dann erkennt man nur noch die wenigen beleuchteten Objekte der Anlage. Man erkennt die Fenster des Bahnhofs und des Rathauses, die von innen beleuchtete Hütte, die kleinen Laternen und die Lichter der Lokomotive, die ihre Runden dreht. Sonst ist es überall stockdunkel. Man sieht absolut nichts. Diese wunderschöne Modelllandschaft mit ihren Städtchen, die Wälder, die Berge, die Wiesen mit der Schafherde, alles ist plötzlich für uns unsichtbar. Es ist vorhanden, aber wir können es optisch nicht erfassen. Jemand, der in dieser Dunkelheit in den Saal geführt wird, könnte nicht einmal erahnen, welche Vielfalt dort eigentlich ist.
Genau das gleich spielt sich im Universum ab. Wir sehen nur Dinge, die beleuchtet sind. Das, was wir sehen, sind die Sterne, die durch ihre gewaltigen Energien leuchten und wir sehen Materie, die von Sternen angestrahlt wird. Es sind auch die Galaxien, die durch die Masse ihrer Milliarden von Sternen leuchten. Doch das, was wir dort sehen, ist nach dem aktuellen Stand gerade einmal 4,9% von dem, was sich sonst noch im Universum befindet. Seitdem man eine weitere Unbekannte, namens „Dunkle Energie“ entdeckt hat, hat man berechnet, dass auch die Dunkle Materie nur 26,8% von allem, was uns umgibt, bildet. Der Rest, also 68,3%, wird von der Dunklen Energie ausgefüllt. Doch dazu später mehr.
Was würde man entdecken, wenn man mit einem Raumschiff durch die Tiefen des Alls fliegen könnte? Welche geheimnisvollen Gebilde würden im Scheinwerferlicht des Raumschiffs zu sehen sein? Diese uns unbekannte Dunkelmaterie könnte zum Teil aus Staub und Gesteinsbrocken bestehen. Es wäre auch möglich, dass ganze Planeten, die aus irgendeinem Grund aus

ihrer Umlaufbahn geworfen wurden, von uns unentdeckt durchs All ziehen. Doch woraus besteht diese Unmenge von Materie noch? Gibt es in dieser unergründlichen Dunkelheit vielleicht bizarre Gebilde, die wir uns in unserer kühnsten Fantasie nicht einmal vorstellen können? Oder besteht die Dunkelmaterie aus einer geheimnisvollen Masse, die wir auf Grund fehlender Intelligenz überhaupt nicht erfassen können?
Die Wissenschaft beißt sich aber noch an einem weiteren Rätsel, der Dunklen Energie, die Zähne aus. Als man feststellte, dass sich Objekte im Universum mit Geschwindigkeiten fortbewegten, die sie nach den bisher gültigen Regeln der Physik niemals erreichen dürften, war man verblüfft. Das komplette Universum dehnt sich immer schneller aus. Die einzige Erklärung dafür ist eine geheimnisvolle Energie, eine unbekannte Energie, die für die Bewegungen im Kosmos zuständig ist. Man kann diese Dunkle Energie nicht berechnen, aber man geht davon aus, dass sie da ist, weil es die einzige Möglichkeit ist, Dinge, die nicht sein dürften, zu erklären. Diese rätselhafte Energie scheint im Vakuum zu entstehen. Es ist, als würde sie aus dem Nichts kommen.
Die Dunkle Energie, egal, was dahinter steckt, ist für das Wachstum des Universums zuständig, deshalb wäre meiner Meinung nach der Begriff „Wachstumsenergie" angebrachter.
Fest steht: Niemand weiß, was da vor sich geht, denn niemand hat eine Erklärung dafür.
Berechnungen über die Vorgänge, die dadurch im Universum passieren, ergaben plötzlich das Ergebnis, dass das Universum nicht dreidimensional, sondern nur zweidimensional ist. Das würde nach allen Regeln der

Wissenschaft bedeuten, dass das Universum flach ist und sich endlos nach allen Seiten ausdehnt.
Wir Menschen können nach dem jetzigen Stand der Dinge lediglich ca. 4,9% der Materie im Universum sehen. Alles Andere bleibt ein Geheimnis des unendlichen Alls. Was die Dunkle Materie und die Dunkle Energie angeht, tappt die Wissenschaft wortwörtlich im Dunklen.

Was passiert mit dem Universum?
Die Frage: Was passiert mit dem Universum, wenn man die Urknalltheorie als Entstehung zugrundelegt, haben sich schon viele Wissenschaftler gestellt. In der Tat weiß noch keiner, wie die Zukunft des Universums aussieht.
Es gab aber bereits einige Theorien.
Die erste Frage, die sich die Wissenschaftler stellte, war: Expandiert das All unendlich lange? Wenn ja, dann würde das bedeuten, dass irgendwann alle Materie so weit auseinander wäre, dass alle Galaxien für immer aus unserem Sichtfeld verschwinden würden.
Eine andere Theorie besagt wiederum folgendes: Im Moment strebt durch die gewaltige Explosion des Urknalls noch alles auseinander. Irgendwann wird sich die Geschwindigkeit verringern und das All wird zum Stillstand kommen. Dann, bedingt durch die Gravitationskräfte, zieht sich die gesamte Materie wieder an. Es kommt zu einer Umkehr der Ausdehnung und alles rast mit immer größerer Geschwindigkeit wieder auf den Mittelpunkt zu. Genau zu der Stelle im Raum, an der einst der Urknall stattgefunden hat. Dieses ist dann das Ende des Universums. Es ist das Ende von Zeit und Raum. Gleichzeitig ist es aber wieder ein neuer Anfang, denn durch die entstandene Energie, die unvorstellbar gewaltig

ist, gibt es einen neuen Urknall. Dann beginnt alles wieder von vorn.
Meine Meinung zu dieser Theorie: Sie ist absolut unhaltbar. Man stelle sich einmal vor, dass man unvorstellbar schnell und unvorstellbar weit ins All fliegen könnte, so weit, dass man aus dem expandierenden Universum herauskommt, so weit, dass man das Universum nur noch als Ballon sieht, der sich langsam ausdehnt. Könnte man nun noch auch die Zeit unvorstellbar schnell ablaufen lassen, so schnell, dass man sieht, wie sich dieser Ballon, also das Universum ausdehnt und sich dann wiederum zusammenzieht, sich wieder ausdehnt und wieder zusammenzieht, usw., dann könnten wir, wenn wir die Zeit noch schneller ablaufen lassen, eine runde pulsierende Masse sehen, wie ein pumpendes Herz oder wie die Backen eines Frosches, der sie beim Quaken immer aufbläst und dann wieder die Luft heraus lässt.
Da frage ich mich: „Was könnte eher irgendeinen Sinn haben, ein Universum, dass, warum auch immer, wächst, oder ein Universum, dass eine „pulsierende Materiekugel" bildet."
Allerdings bleibt der Fantasie keine Grenze gesetzt. Eine pulsierende Kugel, die einsam und verlassen durch das Nichts schwebt? Auch wenn ich mich mit diesem Gedanken überhaupt nicht anfreunden kann, undenkbar ist nichts. Es könnten ja noch mehr pulsierende Kugeln daneben sein, die irgendwie zusammengehören und deren Pulsieren einer unvorstellbaren Sache dienen.
Doch das eben genannte Beispiel wäre ein Paradoxum. Man könnte so einen Vorgang niemals beobachten, denn wenn man an die Urknalltheorie glaubt, kann man das

Universum aus einer solchen Entfernung gar nicht sehen, weil man es überhaupt nicht verlassen könnte. Nach der Urknalltheorie gibt es außerhalb des Universums nichts, und im Nichts kann keiner sein. Denn dann wäre es ja kein Nichts mehr. Dann könnte man nicht mehr sagen: Hier ist nichts, denn dann wäre man ja selber da. Mit seinem Dasein würde man den Begriff Nichts aufheben, denn schließlich sind wir ja etwas.
Ein weiterer Grund, warum das vorgenannte Beispiel niemals möglich wäre ist folgender: Man könnte das Universum, wie es auseinanderstrebt, nicht wahrnehmen, denn dann würde man einen Vorgang beobachten, bei dem Zeit vergeht. Da die Zeit aber mit dem Urknall entstanden ist und sich noch innerhalb des Universums befinden muss, gäbe es hier im Nichts noch keine Zeit.
Es wird sogar noch paradoxer: Man könnte das Universum sowieso nicht sehen, weil es im Nichts auch keine Lichtwellen geben kann. Meine Meinung: Es kann kein Nichts geben.
Als ich Ende 1989 in dem naturwissenschaftlichen Magazin „Science“ einen sensationellen Bericht las, war ich nicht mal überrascht davon, denn ich glaubte damals schon an einem wachsenden Universum. Ich fühlte mich mit meinen Theorien bestätigt. Dort berichteten die Forscherin Margret Geller und ihr Kollege John Huchra über den rätselhaften Galaxienhaufen, dem sie den Namen Great Wall (Große Mauer) gegeben hatten. Diese scheibenförmige Galaxienanhäufung hatte den Erkenntnissen zufolge eine Länge von mindestens 500 Millionen Lichtjahren, eine Breite von 200 Millionen Lichtjahren und eine Dicke von 15 Millionen Lichtjahren. Unsere eigene Galaxie, die einen Durchmesser von 100 000 Lichtjahre

hat, wäre in dieser gigantischen Anhäufung weniger, als eine Nadel im Heuhaufen.
Allerneuste Messungen haben ergeben, dass der Durchmesser der Großen Mauer sogar 1 Milliarden Lichtjahre beträt.
Das gesamte Universum wurde nach der Urknalltheorie auf einen Durchmesser von 15 bis 20 Milliarden Lichtjahre geschätzt. Margret Geller war sich aber sicher, dass niemand eine Kraft kennt, die ausreichen würde, um in der seit Entstehung des Universums verstrichene Zeitspanne eine derartig gigantische Ansammlung von Materie, wie sie die Große Mauer zustande bringt. Sie erklärte wörtlich: „Ich glaube, dass uns da wirklich etwas fehlt, etwas, was wir nicht verstehen." Die beiden Astronomen stießen auf den Galaxienhaufen, als sie aus gesammeltem Forschungsmaterial eine dreidimensionale Karte des Himmelssektors zusammen stellten. Diese Galaxienansammlung war so groß, dass ihre Ränder noch über den Rand dieser Karte hinausreichten.
Bereits in diesem Artikel wurden die gängigen Theorien über die Entstehung des Universums in Frage gestellt. Dieser Artikel wurde, wie bereits erwähnt, im Jahre 1989 verfasst. Jetzt, wo das Weltraumteleskop Hubble noch tiefer ins All vorgedrungen ist, wissen wir, dass die Zahl der von uns entdeckten Galaxien bereits die 50 Milliarden Marke überschritten hat und die Wissenschaft geht sogar davon aus, dass sich im beobachtbarem Universum ungefähr eine Billiarden Galaxien befinden. Auch die Ausdehnung des Universums ist viel gewaltiger, als damals angenommen.
Nun sollten eigentlich auch die härtesten Verfechter der Urknalltheorie einsehen, dass es noch etwas Höheres

geben könnte, als die uns bekannten Gesetze der Physik es zulassen, etwas, das sich mit unseren Möglichkeiten nicht mehr messen lässt.
Ich komme noch einmal auf das Beispiel des Luftballons zurück. Bevor man ihn aufbläst, malt man viele kleine Punkte darauf. Dann bläst man ihn auf. Das Aufblasen soll die Folgen des Urknalls darstellen und die Punkte sind die Galaxien. Sie entfernen sich auf der Außenhaut des Ballons immer weiter vom Mittelpunkt und von den anderen Punkten(Galaxien), da die Außenhaut des Ballons sich dehnt. Im Mittelpunkt ist es logischer Weise leer, da durch diesen simulierten Urknall ja alles nach außen fliegt. Das Universum ist demnach also eine sich ausdehnende Hülle. So jedenfalls stellt es die Urknalltheorie da. Da aber ständig immer neue, aber vor allem immer weiter entfernte Galaxien entdeckt werden, wäre, nach den Grundlagen der Physik, diese Hülle bereits so dick, dass die am Weitesten entfernten Galaxien bereits schneller als das Licht sein müssten. Dann aber würden sie aus unserem Wahrnehmungsvermögen verschwinden. Wir aber sehen sie. Das untermauert die Möglichkeit vom wachsenden Universum erneut, denn nehme ich wieder statt des Ballons mein Beispiel des wachsenden Apfels, dann passt wieder alles. Nimmt man einen winzig kleinen Apfel, der am Baum hängt und bemalt ihn ebenfalls mit Punkte, dann passiert mit diesen Punkten das Gleiche, was mit den Punkten auf dem Luftballon passiert: Wenn der Apfel wächst entfernen sie sich von der Apfelmitte und auch von den anderen Punkten. Denn genau wie beim Ballon „dehnt" sich die Außenhaut aus. Doch im Apfelinneren ist auch Materie, die nachwächst. Der Apfel ist innen nicht hohl. In einem

wachsenden Universum gäbe es keinen leeren Raum, so wie es bei der Urknalltheorie der Fall ist. Hier wäre der ganze Raum mit Galaxien gefüllt. Materie gäbe es überall. In diesem Universum gäbe es auch kein „Nichts", welches alles umgibt. In diesem Universum wären der Raum und die Zeit schon immer da gewesen. Es wäre bereits, bevor das Wachstum beginnt, umgeben von Materie. In genau dieser Materie hätte sich ein „wachsendes Universum" entwickelt.

Ich glaube, selbst einem Albert Einstein würde diese Theorie besser gefallen, als die vom Urknall.

Denn nach der Urknalltheorie gab es einmal ein „Nichts". Es gab keinen Raum und es gab keine Zeit. Selbst die Ewigkeit und die Unendlichkeit sind bei dieser Theorie ausgeschlossen.

Ein „wachsendes Universum" jedoch beinhaltet die Ewigkeit und die Unendlichkeit, es beinhaltet den Raum und die Zeit, denn es wird immer etwas vorhanden sein, selbst wenn einmal das Licht unseres sichtbaren Universums erlischt.

Da stellt sich die nächste Frage:

Kann das Universum seine Energie verlieren und sein Licht erlöschen?

Die Antwort ist einfach. Die Unendlichkeit bezieht sich auf Zeit und Raum. Doch Energie ist endlich. Irgendwann, in ferner Zukunft, müsste also alle Energie verbraucht sein und könnte es kein Stern mehr leuchten.

Genau wie unsere Sonne, verbrennt jeder Stern Wasserstoff zu Helium. In jedem Stern findet eine Kernfusion statt. Doch irgendwann ist die Energie verbraucht, dann sind keine Wasserstoffatome mehr da, die verbrannt werden können. Dann ist der Zeitpunkt

gekommen, an dem der Stern stirbt.
Im Falle unserer Sonne haben die Wissenschaftler berechnet, dass in etwa fünf Milliarden Jahren die Energie zur Neige geht. Dann beginnt die Sonne damit, sich aufzublähen. Ihr Umfang wird sich soweit vergrößern, dass der Sonnenrand bis zur Umlaufbahn des Planeten Mars reicht. Die inneren Planeten Merkur, Venus und auch die Erde werden von der Sonne einfach geschluckt. Falls es in fünf Milliarden Jahren noch Menschen gibt (was ich nicht glaube), dann müssten sie bis dahin eine Raumfahrttechnologie entwickelt haben, um zeitig vor dem Ende der Sonne auf ferne Planeten umsiedeln zu können. Nach ihrem Aufblähen wird die Sonne dann in sich zusammenfallen und zu einem weißen Zwerg werden, einem kleinen Stern, der langsam abkühlt. Und wenn dann das letzte Fünkchen Wärme entwichen ist, dann bleibt ein kalter Materiebrocken zurück, ein schwarzer Zwerg, der ohne Energie durch das Universum treibt.
Das, was mit unserer Sonne passieren wird, das passiert auch irgendwann mit allen anderen Sternen. Egal, ob es sich bei den Sternen um sogenannte rote Überriesen handelt, deren Durchmesser einen 500fachen Sonnendurchmesser erreichen kann, oder um weiße Zwerge, die gerade einmal die Größe der Erde haben, all diese Sterne werden irgendwann ihre Energie verbraucht haben und sterben. Einige werden zu kalten Materiebrocken und andere, mit einer großen Masse, enden in einer gewaltigen Explosion als Supernova.
Doch egal, wie sie enden, irgendwann, nach einer unbekannt langen Zeiteinheit, bleibt nur noch energielose Materie übrig. Unsere Milchstraße wäre dann eine Galaxie aus toten Sternen. Sie würde aus dem sichtbaren Bereich

verschwinden, denn es gäbe nicht einen Funken Licht mehr. Die toten Sterne, die dann ziellos umhertreiben würden, könnten sich manchmal sehr nahe kommen. Dann würde einer den anderen durch die Gravitationskraft aus der Bahn werfen. Es würde ihn nicht nur aus der Bahn werfen, sondern vielleicht auch aus der Galaxie katapultieren. So würde unsere Milchstraße immer leerer und leerer. Umhertreibende Schwarze Löcher würden die Materie, die noch übrig ist, in sich hinein saugen. Alles würde sich planlos im Universum verteilen.

Wann das passieren wird weiß keiner. Vielleicht passiert es in 30 Milliarden Jahren, vielleicht aber auch in 50 oder 80 Milliarden Jahren.

Das sind Zeiträume, die sich ein Mensch eigentlich nicht vorstellen kann. In 80 Milliarden Jahren könnten sich demnach die Galaxien aufgelöst haben.

Und was passiert dann?

Die Wissenschaftler waren fleißig und haben bereits die ersten Berechnungen angestellt. Danach wäre es möglich, dass in 10^{32} Jahre ein Prozess beginnt, in dem sich alles auflöst. Alles, was zu Beginn des Urknalls passierte, wird rückgängig gemacht. Die Elemente zerfallen wieder und es wird Materie und Antimaterie geben, die sich gegenseitig vernichten. In 10^{100} Jahren, eine Zahl, die so unwahrscheinlich groß ist, dass es dafür überhaupt keinen Ausdruck gibt, soll dann schließlich nichts mehr übrig bleiben. Dann haben wir wieder das absolute Nichts. Dann haben wir wieder den Zustand, den es bereits vor dem Urknall gegeben hat.

Ich glaube aber nicht, dass es zu so einem Ende kommen wird. Die Materie wird sich nicht gegenseitig vernichten. Es wird immer etwas da sein, denn aus den Staub- und

Gaswolken explodierter Sterne werden sich wieder neue Sonnen und Galaxien bilden. Solche Vorgänge kann man bereits heute mit den modernen Möglichkeiten verfolgen. Ich halte die Möglichkeit, dass unser Universum ist eine Art Zelle ist, für wahrscheinlicher. Es könnte eine Zelle sein, die von anderen Zellen, den Nachbaruniversen umgeben ist.
All diese Zellen könnten einen gigantischen Körper bilden, einen Körper, den wir uns selbst mit der besten Phantasie nicht vorstellen können. In diesem Körper könnten Vorgänge stattfinden, die wir niemals verstehen könnten. Doch auch so ein Körper könnte den gleichen Gesetzen unterlegen, die auch bei uns herrschen.
Noch dehnt sich unser Universum aus, es wächst. Die Galaxien bilden riesige Haufen und schließen sich zu einer Struktur zusammen (Dazu später mehr). Wenn aber das Wachstum zu Ende ist, dann wird irgendwann auch die Energie, die dieser unvorstellbare Körper zum „Leben" braucht, erschöpft sein. Dann „stirbt" dieser Körper und löst sich in seine Bestandteile auf. Diese Bestandteile werden aber nicht vergehen, sondern auch weiterhin als Materie existent bleiben.
Was auch passiert, übrig bleiben immer die Unendlichkeit, die Ewigkeit, die Zeit und der Raum.
Ein „wachsende Universum" könnte einer großen Schöpfung dienen, deren Sinn wir niemals verstehen würden. Es könnte einmal Raumschiffe geben, die uns an die Grenzen des Universums bringen. Doch werden auch sie uns keine Erkenntnis bringen. Im Vergleich zu der Schöpfung sind wir weniger als Mikroben. Der Mensch forscht und erweitert stets sein Wissen. Doch sollte er sich bewusst sein, dass hier eine Grenze ist. Eine Grenze, die

er niemals überschreiten kann. Das Geheimnis dieser geistig alles überschreitenden Schöpfung wird er niemals lüften.

Die Entdeckung Perlmutters

Der Physiker Dr. Saul Perlmutter machte eine sensationelle Entdeckung, die meine Theorie erneut untermauerte. Etwas in meiner Theorie störte mich noch, denn wenn das Universum eine wachsende Masse ist, dann könnten die Galaxien normalerweise nicht lose durch die Gegend fliegen, sondern es müsste irgendeine Verbindung zwischen ihnen geben. Doch gab es dazwischen nur ein Vakuum, in dem nichts existiert. Dank dieser Jahrhundertentdeckung aber sieht die Sache anders aus. Diese neue Entdeckung stellte alle physikalischen Gesetze in Frage.

Dr. Saul Perlmutter wollte eine Möglichkeit finden, die Verlangsamung der Ausdehnung des Universums nachzuweisen. Er glaubte nicht an die Theorie, dass da Universum so wenig Materie hat, dass es sich immer weiter ausdehnt. Für ihn kam die Theorie, dass deshalb zu wenig Schwerkraft vorhanden ist, um alles zusammen zu halten und sich alles ausdehnt, bis es immer dunkler und kälter würde, nicht in Frage. Er wollte nicht glauben, dass alles so weit auseinander fliegt, dass es irgendwann in den Weiten des Universums verschwinden würde.

Er war, wie viele andere auch, der Meinung, dass durch die Schwerkraft alles zusammen gehalten wird, auch die Sterne und die Galaxien. Je mehr Masse sich im Universum befindet, je mehr zieht die Schwerkraft die Masse wieder nach innen. Das Universum dehnt sich aus, aber die Schwerkraft versucht, diese Ausdehnung zu

verlangsamen, bis es sich wieder zusammenzieht. Da es sehr viel Materie gibt, ist auch die Schwerkraft sehr stark. Dadurch soll das Universum wieder zusammenfallen. Wenn dieser Zusammenfall wieder beginnt (in x-Milliarden Jahren), kommen alle Galaxien auf uns zu. Das Universum würde dann so dicht, dass alle Galaxien und alles, was wir kennen und nicht kennen, wie ein riesiger Feuerball verschmelzen. Und winzige Bruchteile von Millionenstel Sekunden vor dem endgültigen Zusammenbruch wäre das Universum nur noch so groß, wie ein Fußball. Es würde immer kleiner und kleiner. Dabei würde die Energie auf einen immer kleineren Raum gebündelt sein und irgendwann eine unendliche Dichte erreichen. Der Raum und die Zeit würden aufhören zu existieren. Von dieser Theorie war Dr. Perlmutter überzeugt.
Um diese Theorie zu beweisen, müsste man die Geschwindigkeit vom Ursprung des Universums mit der gegenwärtigen Geschwindigkeit vergleichen. Dann könnte man an Hand der Verlangsamung der Expansion diese Theorie untermauern. Seit vielen Jahren versucht die Wissenschaft diese Expansionsrate zu messen. Man glaubt, dass sich das Universum früher schneller ausgedehnt hat. Die meisten Forscher waren der Ansicht, dass die Schwerkraft diese Ausdehnung bremst. Dieses künftige Schicksal des Universums kann man aber nur feststellen, wenn man messen kann, wie sich die Expansion verlangsamt. Dann könnte man beweisen, dass die Schwerkraft die Ausdehnung abbremst.
Doch bisher war es noch keinem gelungen, diese Kräfte zu messen.
Der Physiker, Dr. Saul Perlmutter, war davon überzeugt, dass er eine Möglichkeit finden würde, die Verlangsamung

der Expansion zu messen. Könnte man die Geschwindigkeit von Sternen messen, die kurz nach dem Urknall entstanden sind und diese mit der Geschwindigkeit von Sterne vergleichen, die sich heute in unserer Nähe befinden, dann könnte man berechnen, wie sich die Ausdehnung des Universums verlangsamt hat. Um so etwas zu berechnen, müsste man allerdings Sterne finden, die immer mit derselben Helligkeit strahlen. Nur bei solchen Sterne kann man ihre Position in Zeit und Raum berechnen. Je geringer ihre Leuchtkraft, desto weiter ist ihre Entfernung. Hat man solche Sterne gefunden, kann man ihre Distanz im Universum feststellen und die Geschwindigkeiten vergleichen.
Zunächst stand Dr. Perlmutter vor einem Rätsel. Er musste Sterne finden, die extrem hell sind und zudem noch extrem weit weg sind. Doch nach welchen Kriterien sollte man diese Sterne finden? Man kann beobachten, wie Sterne vergehen und wie neue Sterne entstehen. Man kann Neutronensterne beobachten, die sich tausendmal in der Sekunde drehen. Doch all diese Sterne verändern sich. Es gibt nur eine Himmelserscheinung, die mit überdurchschnittlicher Helligkeit strahlt und immer gleich ist: Die Supernova. Supernovae sollten der Schlüssel sein, um die Expansionsrate des Universums zu messen. Sie könnten uns zeigen, wie alles enden wird. Supernovae sind gigantische Explosionen seltener Sterne am Ende ihres Daseins. Sie leuchten dann so hell, als würden 10 Milliarden Sterne gleichzeitig scheinen. Ein so explodierender Stern gibt auch so viel Energie ab, wie 10 Milliarden normaler Sterne. Doch nur selten explodiert ein Stern, wenn er stirbt. Zieht er jedoch Materie von einem benachbarten Stern ab, dann wird er immer dichter und

dichter, bis er schließlich eine kritische Dicht erreicht. Die Folgen sind verheerend. Derart zusammengedrückt durch die Schwerkraft kommt es zu einer gewaltigen Explosion, die man aber nur für wenige Wochen sehen kann. Da Supernovae immer nur dann explodieren, wenn die Schwerkraft eine ganz bestimmte Dichte erzeugt hat, haben alle Supernovae immer die gleiche Helligkeit. Da, wie bereits erwähnt, so ein Ereignis nur kurze Zeit zu sehen ist, ist es ein Glücksfall, so eine Nova zu entdecken. Um sie aber erst zu finden, müssen die Astronomen das Lichtspektrum analysieren, denn dieses ist, wie ein Fingerabdruck, bei allen Supernovae gleich. Der zweite Problemfaktor bei der Suche ist, dass in tausend Jahren nur einige wenige Supernovae explodieren. Man sucht also eine Nadel im Heuhaufen. Da keiner vorher weiß, wann und wo so eine Nova explodiert, wusste auch keiner, wann und wo man sie suchen sollte. Jede Supernovaentdeckung war bisher immer nur Zufall gewesen. Saul Perlmutter glaubte aber fest daran, dass es eine Methode geben muss, eine Supernova ausfindig zu machen, um so die Raumexpansion exakt messen zu können.
Viele, die sie selbst mit dieser Materie beschäftigt hatten, waren von Perlmutters Misserfolg überzeugt. Wie sollte auch ein Physiker, der sich vorher niemals mit der Materie auseinander gesetzt hatte, etwas erreichen, was die Astronomen und Astronominnen schon seit vielen Jahrzehnten vergeblich versuchen.
Doch Perlmutter hielt an seiner Vision vom Erfolg fest. Er konnte anfangs noch nicht ahnen, dass er etwas entdecken würde, das nahezu nicht begreifbar war.
Doch zunächst musste eine Methode entwickelt werden,

mit der man Tausende von Galaxien auf einmal beobachten konnte, um Supernovae zu erkennen. Man konstruierte eine Weitwinkelkamera, um dieses Vorhaben möglich zu machen. Allerdings scheiterte das Vorhaben zunächst, weil es damals noch keinen Film gab, der lichtempfindlich genug war. Schließlich entwickelte man sogenannte CCD-Detektoren. Das sind lichtempfindliche Mikrochips, die man für diese Aufgabe verwenden konnte. Nun war es möglich, mehrere Galaxien auf einem Foto festzuhalten. Die Kamera wurde verfeinert und als sie nach mehreren Jahren Entwicklung endlich fertig war, konnte man mit ihr alle fünfzehn Minuten Hunderte Galaxien fotografieren. Um aber aus solch Unmengen von Galaxien das Spektrum einer Supernova herauszufiltern, entwickelte man eine Computersoftware, die in der Lage war, dieses in kürzester Zeit zu tun.
Als diese Kamera endlich eingesetzt wurde, gelang es Perlmutter und seinem Team ziemlich schnell, die erste Supernova zu entdecken. Perlmutter hatte bewiesen, dass man Supernovae gezielt suchen konnte. Nun konnte man, dank Perlmutter, diese Methode weltweit anwenden und diese Technik noch erweitern. Nach fünf Jahren Suche hatten Dr. Perlmutter und sein Team bereits 52 Supernovae gefunden. Nun mussten deren Entfernungen vermessen werden, um genau errechnen zu können, wie stark die Expansion des Universums sich verlangsamt hat. Was man herausfand, wollte man zunächst gar nicht glauben. Man überprüfte die Ergebnisse immer und immer wieder. Doch es änderte sich nichts. Nach mühseligen Berechnungen stellte man fest, dass die Supernovae etwa um 20% dunkler waren, als man eigentlich annahm. Man stellte auch fest, dass sie viel weiter weg waren, als es

nach dem Gesetz der Schwerkraft möglich sein sollte. Man wollte einfach nicht glauben, was man sah. Nach allen Gesetzen der Schwerkraft müsste sich die Expansion deutlich verlangsamen, doch die Wissenschaftler und Wissenschaftlerinnen sahen etwas, was allen physikalischen Gesetzen und all ihren Erwartungen widersprach: Das Universum verlangsamt sich nicht, sondern es dehnt sich immer schneller aus. Obwohl die Schwerkraft die Supernovae anzieht, werden diese immer schneller ins All hinausgeworfen. Das ergab keinen Sinn.
Der Kommentar eines der Wissenschaftler: „Das widerspricht all unserem Wissen, denn Schwerkraft zieht Dinge an. Es wäre genau so verrückt, als wenn der Apfel nach oben fiele."
Alle waren etwas erschüttert, denn man hatte bereits Jahrzehnte damit verbracht, die Verlangsamung des Universums zu berechnen, und jetzt war alles falsch? Die physikalischen Gesetze, die Natur, das Universum, sie alle haben plötzlich ein anderes Gesicht gezeigt. Eines stand fest: Draußen im All geht etwas vor, was niemand erwartet hätte.
Verzweifelt versuchte man, es zu berechnen. Doch gab es nur eine logische Erklärung: Es muss im All eine unbekannte, geheimnisvolle Energie geben, die alles auseinander drückt und gegen die Schwerkraft ankämpft. Doch was könnte das für eine Energie sein, die so eine gewaltige Kraft aufbringt? Warum hat man diese Energie bis heute noch nicht entdeckt? Worin liegt ihr Ursprung und wo verbirgt sie sich?
Die Schlussfolgerung der Wissenschaft war, dass diese außergewöhnliche Kraft irgendwie aus dem Vakuum des Alls kommen musste. Man vermutet, dass Teilchen und

Antiteilchen, die im Vakuum entstehen und vergehen, diese Energie erzeugen könnten. Diese Energie wächst im Vakuum, wird immer stärker, drückt gegen die Schwerkraft und wirft das Universum immer weiter auseinander.
Hier kamen wieder meine Überlegungen ins Spiel. Das Universum wächst mit Hilfe dieser unbekannten, geheimnisvollen Energie. Diese Energie ist ein weiteres, eindeutiges Puzzleteilchen dieser Theorie.
Doch schon gab es wieder Leute, die diese eindeutigen Berechnungen wieder anzweifelten. Lehrt die grundlegende Naturwissenschaft nicht: Im Vakuum gibt es absolut nichts. Und jetzt soll es doch etwas geben?
Die Fachleute, die sich, in Anlehnung an allen bisherigen Regeln der Wissenschaft, mit dem Problem beschäftigt hatten, wollten diese Lösung nicht glauben.
Als Albert Einstein seine Relativitätstheorie aufstellte und die Gesetze des Kosmos neu schrieb, glaubte er auch an einen statischen Raum. Er glaubte an ein Universum, das konstant bleibt und sich niemals verändert. Doch selbst ein so großes Genie, wie Albert Einstein, musste zugeben, dass er sich geirrt hatte.
Scheinbar fällt es aber auch heute noch einigen Wissenschaftlern und Wissenschaftlerinnen nur sehr schwer, ihre einbetonierte Grundlagenkenntnis zu lockern und somit auch anderen Möglichkeiten offen gegenüber zu stehen. Dann würden sie vielleicht auch einsehen, dass es Dinge geben kann, die so phantastisch und unglaublich sind, dass sie jeder logischen Theorie widersprechen. Albert Einstein wurde damals klar, dass seine „Kosmologische Konstante“ nicht mehr existent war und er berichtigte seine Theorie. Ich frage mich, wann wird den heutigen Theoretikern und Theoretikerinnen bewusst, dass sie

umdenken sollten.
Die neuen Erkenntnisse könnten eine Revolution der Astrophysik bedeuten. Sie untermauern die Möglichkeit vom wachsenden Universum. Das Universum ist Teil eines unvorstellbaren, gigantischen „Körpers“. Er besteht aus einer auseinanderstrebenden Masse. Dieses Auseinanderstreben ist nichts anderes, als Wachstum. Alle Galaxien, die wir kennen, bilden nur einen Bruchteil dieses riesigen „Körpers“.
Diese wachsende Energie im Vakuum widerspricht zwar den physikalischen Gesetzen, aber nur den Gesetzen, die wir messen und nachweisen können. Die Energie ist da, aber für uns nicht messbar und nicht sichtbar. Sie ist nicht nachweisbar, aber sie ist definitiv da, diese geheimnisvolle Dunkle Energie, eine Energie, die den Horizont unserer Intelligenz übersteigt. Vielleicht aber werden wir dieses Phänomen auch irgendwann, in ferner Zukunft, verstehen.
Die Dunkle Energie war eigentlich der „missing link“, der bei meinen Überlegungen noch fehlte. Diese Energie füllt den gigantischen „Körper“, den die unzähligen Galaxien bilden, aus. So ähnlich, wie Zellen, die sich in unserer Welt vermehren und so den Körper, in dem sie sich befinden, zum Wachstum bringen, so drückt diese geheimnisvolle Energie gegen die Schwerkraft und das Universum wächst.
Dr. Saul Perlmutter suchte immer weiter nach entfernten Supernovae, um seine Ergebnisse noch zu untermauern. Bald schon verzeichnete er einen weiteren großen Erfolg. Er und sein Team entdeckten eine 10 Milliarden Lichtjahre entfernte Supernova. Man blickte auf das Licht eines explodierenden Sternes, einem Ereignis, dass bereits vor 10 Milliarden Jahren stattgefunden hatte. Man blickte in

eine Zeit, als das Universum noch verhältnismäßig jung war. Diese weit entfernte Supernova bestätigte nun endgültig, dass es etwas Unbekanntes geben muss, dass die Ausdehnung des Universums beschleunigt.
Die Wissenschaft war schockiert, denn dieses würde bedeuten, dass in X-Milliarden Jahren alle Galaxien so weit auseinander sind, dass wir sie nicht mehr sehen können. Alle Sterne würden dann irgendwann vergehen und wir würden auf dem Nachthimmel nur noch Dunkelheit vorfinden. Schließlich würde alles vergehen, auch das Leben in der Galaxie. Es bliebe ein unendliches Nichts. Doch gab es dies nach Ansicht der Wissenschaftler nicht schon einmal vor ca. 13,8 Milliarden Jahren, als der Urknall aus dem Nichts kam?
Auch wenn ich mich jetzt zum x-ten Mal wiederhole, Perlmutters Entdeckung ist ein Teil des „missing links“, welches die Möglichkeit vom wachsenden Universum untermauert.
Galt der Leerraum zwischen den Galaxien bisher als Vakuum, so musste die Wissenschaft nun einsehen, dass es dort doch etwas geben muss, etwas Unbekanntes, welches die Galaxien miteinander „verbindet“. Die Galaxien treiben nicht einfach lose durch das Universum, sondern sie sind in dieser unbekannten Energie eingebettet. Diese Energie breitet sich samt den Galaxien immer weiter aus. Leider lässt sich diese Energie noch nicht messen.
Die vier Grundkräfte, die nach den (noch) geltenden physikalischen Gesetzen für alles, was wir kennen „verantwortlich“ sind, scheinen noch einen fünften Bruder bekommen zu haben, eine unbekannte Energie, die so stark ist, dass sie gegen die Schwerkraft ankommt. Von

den vier grundlegenden Naturkräften wissen wir, wie sie funktionieren und wie man sie berechnen kann. Doch diese neue, unbekannte Energie gibt uns eines der größten Rätsel unseres Jahrhunderts auf. Dieses Phänomen zu entschlüsseln und zu bestimmen wird den Wissenschaftlern wohl auch in absehbarer Zeit nicht gelingen. Es ist eine Aufgabe, deren Lösung nach den heutigen Ansichten mit der Grundlage Urknalltheorie fast unmöglich ist.
Ein wachsendes Universum jedoch bringt die Lösung näher. Da ist die Erklärung dieser Energie einfacher.
Der Leerraum zwischen den Galaxien ist nicht leer. Er ist gefüllt mit einer durchsichtigen, für uns unsichtbaren Masse, in der die Galaxien „schwimmen". Diese Masse kann man nicht sehen und nicht messen. Sie ist für uns nicht existent, weil wir uns zu sehr daran festklammern, dass es nur Dinge geben kann, die nach logischen Gesichtspunkten nachzuweisen sind. Aber wer weiß, vielleicht gibt es irgendwann ja doch findige Wissenschaftler oder Wissenschaftlerinnen, die dieses schaffen. Spätestens dann wird man endlich einsehen müssen, dass die Galaxien nur winzige Teilchen eines gigantischen Körpers sind.
Alle heutigen Berechnungen beruhen auf logische physikalische Gesetze, die für uns und alles, was wir kennen, Gültigkeit haben. Doch das, was wir kennen, ist nur die Logik unserer Intelligenz. Doch auch unsere Intelligenz ist nur ein verschwindend geringes Teilchen des „großen Unbekannten", in dem wir existieren. Wohl wissend, dass wir das Rätsel dieses „großen Unbekannten" niemals lösen können, sollten alle, die sich damit beschäftigen, auch weiterhin versuchen, wenigstens

einen Bruchteil davon zu verstehen.

Das Zentrum der Galaxien

Das Zentrum einer Galaxie gab der Wissenschaft lange ein scheinbar unlösbares Rätsel auf. Dort musste es eine unvorstellbare große Masse mit einer extremen Dichte geben.

Leider gibt es für uns nicht die Möglichkeit, in das Zentrum unserer Galaxie zu blicken. Selbst die stärksten Teleskope würden nicht nutzen, da die Sicht zum Galaxienmittelpunkt durch Unmengen von Gas und Staub verhindert wird. Das Einzige, was wir von unserem Spiralnebel sehen können, ist das schimmernde Band der Milchstraße, welches bei klarem Wetter mit bloßem Auge zu erkennen ist. Dieses Band ist der Teil eines Spiralarms, den wir von der Seite sehen.

Man hatte aber schon mit Radioteleskopen das Innere unserer Heimatgalaxie abgesucht. Da Radioteleskope nicht auf das optische Blickfeld angewiesen sind, sondern Radiowellen empfangen, sind die Staub- und Gaswolken kein Hindernis. Bereits die ersten Radioaufnahmen waren verblüffend. Man stellte eine gigantische Materieansammlung im Inneren unserer Milchstraße fest.

Als mit den Jahren die Radioastronomie immer moderner wurde und die Teleskope immer besser, verdichtete sich der Verdacht, dass sich im Zentrum unserer Galaxie etwas von großer Materiedichte befinden musste. Heute weiß man, dass sich genau im Mittelpunkt der Milchstraße ein Schwarzes Loch befindet.

Mittlerweile weiß man auch, dass sich in den Zentren von anderen Galaxien ebenfalls Schwarzen Löcher befinden.

Hinweise darauf lieferte aber nicht nur die Radio-

astronomie. Auch die Verteilung der Schwerkraft in einer Spiralgalaxie weist auf Schwarze Löcher hin.
In einer Spiralgalaxie gibt es ein merkwürdiges Verhalten in der Rotation.
Wir wissen, dass Planeten um die Sonne kreisen. Damit die Planeten nicht von der Schwerkraft der Sonne angezogen werden und in ihr verglühen, kreisen sie mit einer ganz bestimmten Geschwindigkeit um die Sonne herum. Je näher ein Planet an der Sonne ist, umso schneller kreist er. So wird die Anziehungskraft der Sonne überwunden und ausgeglichen. Die Erde, die ja verhältnismäßig nahe an der Sonne ist, braucht für einen Umlauf um die Sonne genau ein Jahr. Der äußere Planet unseres Sonnensystems, der Pluto(er wurde mittlerweile zum Zwergplaneten herabgestuft), braucht für eine Sonnenumkreisung ganze 284 Jahre. Er kann wesentlich langsamer kreisen, weil die Schwerkraft der Sonne in dieser Entfernung nicht mehr so groß ist.
Das Gesetz der Schwerkraft lehrt uns: Je näher etwas einen Körper mit einer großen Masse umkreist, desto schneller ist seine Umlaufgeschwindigkeit.
Bei Berechnungen der Geschwindigkeit, mit der die Spiralarme einer Galaxie das Zentrum umkreisen, gab es ein verblüffendes Ergebnis. Selbst die am äußeren Rand der Spiralarme befindlichen Sterne bewegen sich wahnsinnig schnell um den Galaxienmittelpunkt herum. Zunächst konnte sich niemand erklären, was diese Entdeckung zu bedeuten hatte. Doch bald schon glaubte man, den Grund für diese hohe Geschwindigkeit zu kennen. Im Zentrum der Galaxie muss sich eine Masseansammlung befinden, die unvorstellbar groß ist.
Zunächst wurde noch darüber diskutiert, ob es sich um ein

Schwarzes Loch oder um Dunkelmaterie handelt. Da man zu diesem Zeitpunkt noch glaubte, dass 90% des Universums aus dieser mysteriösen Dunkelmaterie besteht und wir nicht wissen, was diese geheimnisvolle Materie eigentlich ist und wie sie sich verhält, vermutete man eine extrem dichte Ansammlung eben dieser Materie. Doch diese Möglichkeit verwarf man schon bald.
Aufgrund der neusten Forschungsarbeiten und deren Auswertungen sind sich die Wissenschaftler einig. Für sie gibt es keinen Zweifel mehr daran, dass sich im Zentrum der Galaxie ein Schwarzes Loch befindet.

Die Rotation, - ein rätselhafter Vorgang

Wenn man es genau nimmt, dann besteht fast alles, was wir kennen, aus rotierenden Teilen.
Jetzt wird jeder direkt sagen: Stimmt ja gar nicht!
Doch es ist so. Diese Aussage bezieht sich auf alle Materie, die wir kennen. Materie besteht aus den Grundbausteinen, die sich Atome nennen. Doch was ist ein Atom? Ein Atom ist etwas mit einem Kern in seinem Inneren und einer Hülle, die diesen Kern umschließt. Die Hülle des Atoms wird von Elektronen gebildet, die sehr schnell um den Atomkern herum kreisen. Sie rotieren also um den Kern herum. Nimmt man ein Atom genauer unter die Lupe, dann stellt man fest, dass die größte Masse des Atoms sich in seinem Kern befindet. Die Elektronen, die den Kern umkreisen, sind im Vergleich dazu sehr leicht. Für die Stabilität des Atoms ist die Wechselwirkung der positiv geladenen Protonen und der negativ geladenen Elektronen verantwortlich. Doch könnte es nicht sein, dass hier auch das Gravitationsprinzip im gewissen Rahmen anwendbar ist? Die leichten Elektronen umkreisen im

weiten Abstand den schweren Atomkern. Auch, wenn es nicht direkt vergleichbar ist, ein Atom ähnelt einem Sonnensystem, in dem viele Planeten um eine zentrale Sonne kreisen.

Es ist sogar schon gelungen, Atome zu fotografieren. Allerdings konnte man auf den Fotos nicht viel erkennen. Die Atome sehen aus, wie verschwommene weiße Punkte.

Natürlich ist dieser Vergleich nicht haltbar, denn im Makrokosmos sind andere Voraussetzungen vorhanden, als im Mikrokosmos. Dennoch gibt es das Rotationsprinzip überall.

Wir können diese immer weiter übergreifende Rotation sogar noch steigern. Um Planeten kreisen Monde. Manche Planeten haben sogar eine große Anzahl von Monden. Unsere Erde hat zwar nur einen Mond, aber der Jupiter hat deren gleich 79! Der Saturn wird sogar von einem ganzen Ringsystem und zusätzlich noch von mindestens 82 Monden umkreist. Alle Planeten wiederum umkreisen samt ihren Monden die Sonne und bilden so ein Sonnensystem. Wir wissen nicht, wie viel der 100 Milliarden Sterne, die sich alleine in unserer Milchstraße befinden, ebenfalls ein Planetensystem gebildet haben, doch es werde unzählig viele sein. Die Anzahl der im ganzen Universum vorhandenen Sonnensysteme könnte man mit Zahlen überhaupt nicht mehr beschreiben. Alle diese Sonnensysteme haben aber eines gemeinsam. Sie umkreisen das Zentrum ihrer Galaxie. Also ist auch hier das Rotationsprinzip angesagt. Niemand weiß, ob nicht auch die Unmengen von Galaxiensuperhaufen vielleicht umeinander kreisen. Doch wäre das eigentlich nur eine logische Folgerung.

Alles, was wir kennen, ist in ständiger Bewegung. Ob groß oder klein, Materie umkreist andere Materie. Vom Kleinsten bis zum Größten, vom Atom bis zur Galaxie, alles rotiert. Doch warum?
Materie, die andere Materie umkreist, wird von der Schwerkraft in der Umlaufbahn gehalten. Warum drehen sich die meisten Körper aber auch noch um ihre eigene Achse? Gut, auch hier spielt die Gravitation eine Rolle, aber wie entsteht diese Eigendrehung?
Planeten zum Beispiel entstehen aus Gas und Staub. Diese Materie verdichtet sich, ein Planet wird geboren und dreht sich um die eigene Achse.
Speziell für die Erde könnte man sagen, dass diese Drehung wichtig ist, weil wir dadurch Tag und Nacht haben und weil sie wichtig für das jetzige Leben auf unserem Planeten ist. Doch dafür vorgesehen war die Erdrotation nicht.
Was würde passieren, wenn die Eigenrotation der Erde auf einmal zum Stillstand käme? Die Erde würde in sich zusammenfallen, da plötzlich die Fliehkraft fehlt und die Schwerkraft alles nach innen ziehen würde.
Die Rotation ist ein Nebenprodukt der Schwerkraft. Sie ist einer der Grundsteine, die wir kennen. Wäre bei der Geburt des Universums die Schwerkraft, und somit auch die Rotation, nicht entstanden, weil das „Schwerkraft-GEN" in der Urmasse nicht vorgekommen wäre, gäbe es das Universum trotzdem. Doch es wäre für uns unvorstellbar anders. Dann würde absolut nichts so existieren, wie wir es heute kennen. Vielleicht gibt es ja neben unserem Kosmos noch andere, fremdartig gebaute Universen. Universen, deren Existenz wir uns nicht in der größten Fantasie vorstellen könnten. Vielleicht gibt es

aber auch Nachbaruniversen, die unserem Universum gleichen.
Für uns Menschen bleibt vor erst nur eine Erkenntnis: Die Schöpfung hat für alle Strukturen, angefangen vom kleinsten Elementarteichen bis zu den größten Gebilden im Universum eigentlich immer den gleichen Grundbauplan benutzt.
Wir Menschen haben keine Mikroskope, die in die Welt des Mikrokosmos´ eindringen können. Es gibt ebenfalls noch keine Teleskope, die uns wirklich alles zeigen, was in den unendlichen Weiten des Universums vorgeht. Dennoch wird, egal, wo wir hinsehen, die Rotation vorhanden sein.

Die mysteriöse Struktur des Universums

Seit geraumer Zeit wird die sogenannte Kosmische Hintergrundstrahlung gemessen. Durch diese Messungen versucht die Wissenschaft, neue Erkenntnisse über den Ursprung des Universums zu bekommen. Man stellte immer wieder Unregelmäßigkeiten in dieser Strahlung fest, die sich keiner so recht erklären konnte.
Diese Unregelmäßigkeiten der Kosmischen Hintergrundstrahlung treten in den Leerräumen zwischen den Galaxienhaufen auf. Einen solchen Leerraum bezeichnet man auch als Void. Könnten diese Unregelmäßigkeiten vielleicht etwas mit der geheimnisvollen Energie zu tun haben, die Dr. Perlmutter und sein Team zwischen den Galaxien entdeckt hatte? Warum sind eigentlich diese Leerräume vorhanden?
Wie bauen sich die uns bisher bekannten Galaxien eigentlich auf?
Unsere Heimatgalaxie, die Milchstraße, gehört zu der

sogenannten lokalen Gruppe. Diese Gruppe umfasst ungefähr zwanzig Galaxien in verschiedenster Größe. Es sind Spiralnebel und Kugelgalaxien. Man vermutet, dass die Anzahl der Galaxien in unserer Gruppe aber noch weit höher liegt. Die meisten Galaxien strahlen zu schwach und man kann sie deshalb noch nicht lokalisieren.
Ein System mit mindestens 100 Galaxien nennt man einen Galaxienhaufen. Die Galaxien in den Gruppen und Haufen werden von der Schwerkraft zusammengehalten. Es gibt kugelförmige Galaxienhaufen, die so aussehen, wie eine gigantische Kugelgalaxie. Natürlich kann man die Ausmaße nicht vergleichen, denn die Größenordnung ist gewaltig höher. Während eine Kugelgalaxie aus Millionen einzelner Sterne besteht, besteht ein kugelförmiger Galaxienhaufen aus Unmengen von Galaxien. Galaxienhaufen können mit anderen Galaxienhaufen durch Schwerkraft verbunden sein.
Bereits in den achtziger Jahren des letzten Jahrhunderts stellte man fest, dass Galaxienhaufen, auch Cluster genannt, nicht einfach so im Universum verteilt sind, sondern selbst wieder zusammen mit anderen Galaxienhaufen sogenannte Superhaufen bilden. Diese unvorstellbaren Supercluster haben Durchmesser von vielen hundert Millionen Lichtjahren. Einer der größten, bisher bekannten Superhaufen ist die, bereits in diesem Buch erwähnte, Great Wall, die große Mauer. Sie erstreckt sich über ein Gebiet von 250 mal 750 Millionen Lichtjahre. Alle diese Superhaufen liegen um riesig große Leerräume, den Voids, herum.

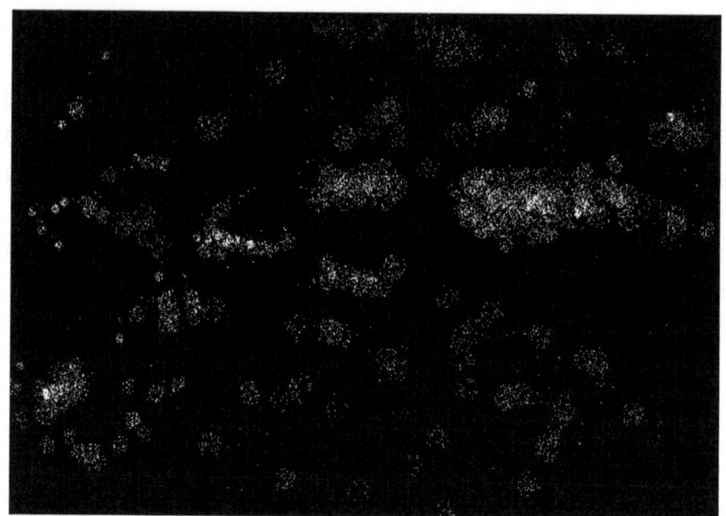

Der Virgo-Superhaufen in einer Computergrafik

So, wie der Virgo-Haufen, stellen sich die Wissenschaftler den Galaxiensuperhaufen vor, in dem sich auch unsere Milchstraße befindet. Die größte Materieansammlung befindet sich im Sternbild Jungfrau (Virgo). Daher stammt auch die Bezeichnung. Dieser Superhaufen hat einen Durchmesser von etwa 150 Millionen Lichtjahren. Hinter diesem kosmischen Gebilde befindet sich ein gigantischer Leerraum. Der nächste Superhaufen ist zigmillionen Lichtjahre entfernt.

Oft überwindet die Schwerkraft die Ausdehnung des Universums. Dann bewegen sich Galaxien aufeinander zu.

Mittlerweile steht sogar fest, dass sich die riesigen Galaxienhaufen zu immer größeren Gebilden zusammenschließen. Den Grund für diesen ungeheuer großen Zusammenschluss ist die starke Schwerkraft, die von dieser gigantischen Materieansammlung ausgeht.

Doch die Leerräume zwischen den Superhaufen dehnen

sich immer weiter aus.
Beim Durcharbeiten von Fachliteratur über diese Leerräume, also den Voids, wurde mir bereits vor vielen Jahren bewusst, dass die Möglichkeit eines wachsenden Universums immer wahrscheinlicher wurde. Dort war eine kurz zusammen gefasste Erläuterung über Voids zu lesen: `Void, ein großer, ungefähr kugelförmiger Leerraum, der von Galaxiensuperhaufen umgeben ist. In den Voids sind kaum Galaxien vorhanden, obwohl die eine oder andere schon gefunden wurde. Die Voids sind untereinander ähnlich wie die Hohlräume in einem gewachsenen Schwamm verbunden'.
Als ich diese Beschreibung las, fragte ich mich, warum ich nicht gleich diese Vorstellung von Voids gehabt hatte. Bisher waren Voids für mich einfach nur die Leerräume zwischen den Superclustern. Das, alles zusammengenommen, ein Gebilde ergibt, welches einem gewachsenem Schwamm ähnelt, war wieder eine Bestätigung der Wahrscheinlichkeit, dass dort etwas Unvorstellbares wächst.
Das Universum ist ein gigantisches Gebilde. Es ist ein Gebilde, das immer weiter wächst.
Die Störungen in der Kosmischen Hintergrundstrahlung hat etwas mit der geheimnisvollen Dunklen Energie zu tun, die wir weder sehen, noch messen können. Diese unbekannte Energie drückt nicht nur die einzelnen Galaxien auseinander, sondern sie drückt auch die Supergalaxienhaufen mit einer unglaublichen Kraft auseinander. Diese Energie scheint ein Bestandteil der Voids zu sein.
Hier ist der Auszug aus einem Vortrag, den Professor Harald Lesch von der Universitätssternwarte München

bereits vor geraumer Zeit hielt, ein Vortrag, dessen offene Fragen bis heute noch nicht beantwortet werden konnten. In diesem Vortrag ging es um die großen Leerräume zwischen den Galaxiensuperhaufen:

...Wie kommen diese riesigen Gebilde zustande? Das versteht man nicht. Man versteht nicht, woher so eine Riesenstruktur kommt. Doch es wird noch schlimmer. Als man Galaxien zählte, stellte man fest, dass die Galaxien und Galaxienhaufen nicht gleichmäßig verteilt sind. Sie sind in Haufen, in Superhaufen und diese wiederum in „Superduperhaufen". Die Strukturen von diesen riesig großen, gravitativ gebundenen Systemen, also die durch Schwerkraft gebundenen Systeme, liegen an den Rändern von den Leerräumen. Wenn man sich die Galaxien draußen im Weltall anschaut, dann sieht es so aus, als ob es eine riesige Honigwabe ist. An den Wabenrändern sind die Galaxienhaufen und Superhaufen, und dazwischen ist nichts, gar nichts. Man kann hingucken, solange, wie man will, doch man findet nichts, überhaupt nichts. Die Frage nach der Leere im Weltall scheint hier von ganz grundsätzlicher Bedeutung zu sein, denn wenn wir wissen wollen, wie diese Struktur im Weltall entstanden ist, dann müssen wir auch wissen, wie 90% des Weltalls es geschafft hat, leer zu bleiben...

Diese Frage, die Professor Lesch hier in den Raum stellte, dürfte zu den momentan zentralen Fragen der heutigen Zeit gehören. Doch eine schlüssige Antwort darauf findet niemand. Man kann sie auch nicht finden, wenn man die Lösung dieser Frage an Hand der Urknalltheorie berechnen will.

Warum sieht keiner, was da wirklich passiert? Es entsteht ein riesiges Gebilde. Man hat zwar noch keine genaue

Vorstellung darüber, wie dieses Gebilde aussieht, doch man stellte die ersten wagen Vergleiche an. Einmal wird es als eine Art von wachsendem Schwamm beschrieben und Professor Harald Lesch vergleicht es mit einer riesigen Honigwabe. Bleiben wir bei dem Vergleich von Lesch, der Honigwabe. Die Leerräume zwischen den gigantischen Galaxienanhäufungen dehnen sich aus. Gleichzeitig schließen sich die „Galaxiensuperduperhaufen", wie Lesch sie nennt, immer dichter zusammen. Sie bilden den dünnen Rand der die Wabe umschließt, einen Rand, der sich durch diesen dichter werdenden Galaxienzusammenschluss immer mehr verfestigt.

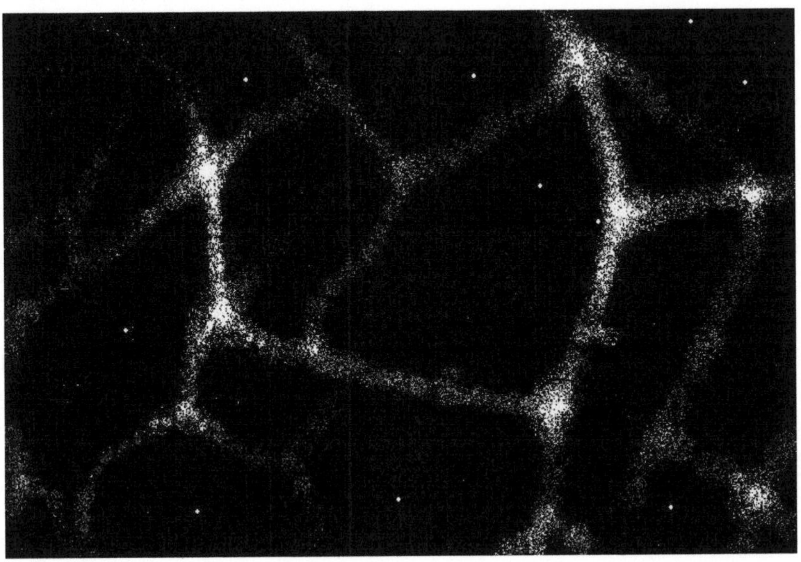

Hier eine Vorstellung darüber, wie es funktionieren soll. Unzählige Superhaufen bilden zusammen ein unvorstellbar großes „Geflecht". Dazwischen sind riesige

Leerräume. Die Grafik stellt nur einen winzigen Teil des Universums da. Doch wie weit dehnt sich dieses Geflecht aus und wie mag der gigantische Körper aussehen, den dieses Geflecht bildet?
Immer mehr verfestigt sich die Möglichkeit eines wachsenden „Etwas“. Egal, ob man nun das Beispiel der Honigwabe oder des wachsenden Schwammes nimmt, es steht fest, dass hier ein riesiges Gebilde wächst. Ein Gebilde, das aus Zellen (die Hohlräume im Schwamm, bzw. in der Honigwabe) besteht. Die Ummantelung der einzelnen Zellen (bestehend aus Unmengen von Galaxiensuperhaufen) verfestigt sich (die Galaxienanhäufungen) und schließen sich auf Grund der Schwerkraft immer mehr zusammen, immer weiter, solange das Wachstum fortschreitet. Aus diesen Zellen entsteht ein Körper, ein Körper, dessen gigantischen Ausmaße, dessen unglaubliche Struktur, alleine durch dessen Vorhandensein, für uns Menschen etwas absolut Unvorstellbares darstellt.
Die Wissenschaftler versuchen immer wieder, ein Gesamtbild des Universums zu erstellen. Das aktuellste Bild, in dem alle uns bisher bekannten Galaxien berücksichtigt sind, wurde dreidimensional mit Hilfe eines Computers berechnet. Diese dreidimensionale Darstellung war verblüffend. Es sah aus, wie ein unregelmäßig, spiralenförmig gedrehter Spinnenfaden, an dem unzählige Tautropfen hängen. Und dieses Gebilde besteht aus Galaxien, aus abermilliarden Galaxien. Da wir aber noch lange nicht bis an die Grenzen unseres Universums blicken können, ist dieses Gebilde nur ein kleiner Ausschnitt von etwas Größerem, ein Bruchstück von einem Geflecht, welches einen unvorstellbar gigantischen Körper bildet, einen Körper, der ständig wächst.

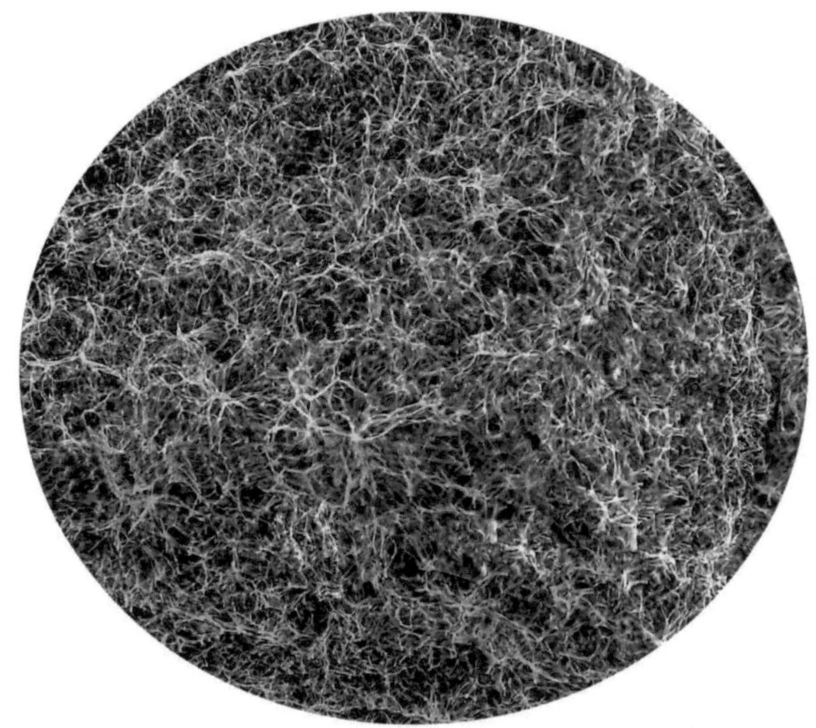

Die gewaltigen Galaxienhaufen bilden ein fadenartiges Gebilde um die riesigen Leerräume herum.

Das gesamte Universum fügt sich zu etwas zusammen, was über alle Vorstellungskraft hinausgeht.

Immer wieder stellen neue Entdeckungen die Wissenschaft vor geheimnisvolle Rätsel. Gigantische Galaxienhaufen, wie „Die große Mauer" behindern den Blick ins All erheblich. Deshalb misst man die kosmische Hintergrundstrahlung. Auf diese Weise versuchen die Wissenschaftler und Wissenschaftlerinnen, die Geschwindigkeit zu messen, mit der sich die Galaxienansammlungen bewegen. Bei diesen Messungen gab es eine riesige Überraschung. Der Virgo-Haufen, in dem sich auch unsere Milchstraße befindet, rast zusammen mit dem Hydra-Centaurus-Haufen und vielen anderen Zusammenballungen von Galaxien mit einer Geschwindigkeit von 600 Kilometer in der Sekunde (2,16 Millionen Kilometer in der Stunde) auf ein unbekanntes Schwerkraftzentrum zu. Dieses Zentrum liegt in der Richtung des Galaxien-Superhaufen mit der Bezeichnung ACO 3627. Alle Versuche, das mysteriöse Schwerkraftzentrum auszumachen schlugen fehl. Doch Berechnungen haben ergeben, dass sich dort eine ungeheure Masseansammlung befinden muss. Dieses geheimnisvolle Schwerkraftzentrum muss eine unvorstellbar große Masse haben, denn sein Sog zieht das halbe, uns bekannte Universum in sich hinein. Dieses unbekannte Mysterium bezeichnet die Wissenschaft als „Großer Attraktor".

Das Rätsel „Großer Attraktor" stellt der Wissenschaft viele Fragen, auf die es noch keine Antwort gibt. Die vorrangige Frage ist: Was ist in der Lage, eine solch unvorstellbar große Schwerkraft zu erzeugen und wie mag so ein Gebilde aussehen?

Erstaunlicherweise stellte man fest, dass es aber auch Galaxien-Superhaufen gibt, die sich in eine ganz andere Richtung bewegen. Nichts scheint so zu sein, wie es eigentlich sein sollte.

Da rasen ganze Ansammlungen von Super-Haufen in eine bestimmte Richtung. Andere Ansammlungen rasen in ganz andere Richtungen. Das Universum gleicht einem Himmel, in dem viele Vogelschwärme dicht nebeneinander umher fliegen. Jeder Schwarm fliegt aber scheinbar planlos in eine andere Richtung.

Wie kann man das erklären? Was bringt diese Ansammlungen von Galaxienhaufen dazu, im Kosmos ein regelrechtes Verkehrs-Chaos zu veranstalten, bei dem es manchmal sogar zu Zusammenstößen von Galaxien kommt?
Eine Erklärung ist eigentlich ganz einfach. Die Ordnung im All besteht nicht aus Chaos. Alles, was sich dort abspielt, hat seinen Sinn. Jede Ansammlung von Superhaufen, die sich scheinbar planlos in verschiedene Richtungen bewegen, hat ein Ziel. Dieses Ziel ist die Bildung eines Körpers. Es ist wie eine gigantische Ursuppe, aus der sich eine Zelle bildet. Jedes Teil dieser Ursuppe nimmt einen ganz bestimmten Platz in diesem Gebilde ein, und wenn alle Teile auf ihren Platz sind, dann ist die Bildung dieses unvorstellbaren Körpers abgeschlossen.
Mittlerweile sollten auch die Anhänger der Urknalltheorie, so, wie sie aktuell gesehen wird, einsehen, dass sie ihre Vorstellungen über das Universum nicht mehr halten können. Solche Entdeckungen, wie die Große Mauer und der Große Attraktor sind erst die Anfänge. Man wird feststellen, dass sich diese riesigen Materieansammlungen zusammen mit anderen zu noch gigantischeren Gebilden zusammen fügen.
Die Vorstellung, dass wir Menschen uns in einem anderen „Körper“ befinden, erzeugt bei vielen Leuten ein Unbehagen. Viele wollen an einer solchen Möglichkeit nicht glauben, weil diese Vorstellung das gesamte Weltbild auf den Kopf stellt. Selbst ich muss zugeben, dass mich diese Überlegung anfangs auch etwas geschockt hatte. Doch diese Möglichkeit ist die Erklärung für alle Rätsel, für die die Wissenschaft verzweifelt nach Lösungen sucht.
Noch sind die Meisten von der Urknalltheorie überzeugt.

Doch ich erinnere mich daran, dass die Menschen früher auch davon überzeugt waren, die Erde sei der Mittelpunkt des Universums.
Es gibt um uns herum Vorgänge, die wir niemals erklären werden können, weil sie den Horizont unserer Intelligenz überschreiten. Doch dazu später mehr.

Die Dunkle Energie (Wachstumsenergie)
Es ist der Wissenschaft noch nicht gelungen, die Energie, die in der Lage ist, das komplette Universum auseinander zu drücken, zu erklären. Wie bereits erwähnt, hat es den Eindruck, als würde diese gewaltige Energie im Vakuum der Leerräume zwischen den Galaxiensuperhaufen aus dem Nichts kommen.
Die Wissenschaft arbeitet mit Hochdruck daran, dieser unbekannten Energie ihr Geheimnis zu entlocken, doch bisher vergebens.
Diese Energie, ich nenne sie Wachstumsenergie, ist ein weiterer Beweis für die Möglichkeit eines wachsenden Universums. Schließlich weiß jeder, dass alles, was wächst, eine Energie braucht, die dieses Wachstum erst möglich macht. Eine solche Energie ist unbestritten vorhanden.
Dieses Phänomen zu erforschen wird für die Wissenschaft auch weiterhin eine unlösbare Aufgabe sein. Es ist und bleibt ein Buch mit sieben Siegeln. Es könnte allerdings gelingen, dieses Rätsel zu knacken, wenn man die Theorie, dass das Universum durch eine gigantische Explosion entstanden ist, überdenkt. Man könnte die Urknalltheorie durch eine Wachstumstheorie ersetzen.
Die Lösung dieses Mysteriums wäre dann ein Wachstum, ein Wachstum, das wir zwar noch nicht erklären können,

das aber all die Dinge zulässt, die die Wissenschaft heute noch vor große Rätsel stellt.
Doch dann wiederum fragt man sich, wie man sich dieses Wachstum logisch erklären kann, wenn einige wichtige Voraussetzungen fehlen?
Zunächst sei gesagt, dass dieses gigantische Wachstum für uns vielleicht überhaupt nicht erklärbar ist. Es gibt um uns herum Vorgänge, die wir niemals erklären können, weil wir sie mangels genug Intelligenz einfach nicht erfassen können.
Dennoch kann man versuchen, das Phänomen dieses Wachstums durch logische Denkweise zu entschlüsseln.
Den ersten wichtigen Punkt für diese Entschlüsselung haben wir ja schon: Es ist die Wachstumsenergie.
Nun kommt aber der nächste Punkt, und da wird unsere Entschlüsselung schon problematischer. Um eine Energie zu erzeugen, braucht man irgendeine Art von „Brennstoff". Doch was könnte dieser Brennstoff sein und woraus besteht er? Woher soll ein Brennstoff kommen, der in der Lage ist, diese immens starke Energie zu erzeugen, zumal diese unvorstellbare Energie aus dem Nichts zu kommen scheint?
Wie solche Vorgänge auf der Erde ablaufen, dass wissen wir schon lange. Ein Baum holt sich mit seinen Wurzeln Wasser und Nährstoffe aus dem Boden, um zu wachsen. Wir Menschen nehmen Nahrung zu uns, die unser Körper in Energie umwandelt. Jeder Organismus nimmt auf irgendeine Weise Nahrung auf, die er als „Brennstoff" dringend braucht. Es sind Brennstoffe, die er unbedingt für sein Wachstum und seine Existenz benötigt.
Um einen Brennstoff für die Wachstumsenergie im Universum zu finden, muss man alle uns bekannte

Energiequellen im Kosmos durchleuchten. Ist da vielleicht etwas bei, das unsere Wachstumsenergie erzeugen könnte? Was ist mit den Sternen, all diesen brennenden Sonnen, die in den Billiarden von Galaxien in unvorstellbar hoher Zahl vorhanden sind? Geben sie vielleicht, auf eine uns verborgene Weise, einen Teil ihrer Energie in die Leerräume ab, um dort die Wachstumsenergie zu erzeugen? Diese Idee erübrigt sich aber sehr schnell denn selbst wenn man die Energie aller uns bekannten Sterne zusammen nimmt, sie könnten niemals das Brennmaterial für eine derart starke Wachstumsenergie erzeugen. Doch was ist es dann? Welche Möglichkeiten gibt es noch? Wir kennen nichts im Universum, das dafür in Frage kommt, - oder?

Die stärksten und massereichsten Objekte, die wir kennen, sind Schwarze Löcher. Wir wissen aber leider nicht, was in diesen Löchern vor sich geht. Die Wissenschaft sagt, dass in den Schwarzen Löchern eine Singularität ist, also etwas, was es eigentlich nicht geben darf. Viele vermuten in dieser Singularität einen Quantenschaum. Quantenschaum soll eine „zufällige, schaumartige Struktur des Raumes“ sein. Ehrlich gesagt, können die Wissenschaftler selber auch nicht viel damit anfangen, denn kein Mensch weiß, ob es in der, bisher fast unerforschbaren Quantenwelt, so einen Schaum überhaupt gibt. Da aber in einem Schwarzen Loch alles, auch die Quantenwelt, in eine unendliche Dichte zusammengedrückt wird, kann es diesen Quantenschaum eigentlich gar nicht darin geben.

Es gibt aber noch andere, fantastisch anmutende Erklärungen. Da ist die Rede von sogenannten Wurmlöchern. Diese Wurmlöcher sollen in einer Art anderer

Dimension durch das Universum führen. Alles, was sie aufsaugen, geben sie an einem weit entfernten Punkt im Universum wieder heraus. Es wird auch die Möglichkeit in Betracht gezogen, dass diese Wurmlöcher uns mit anderen Universen verbinden. Obwohl es im Kosmos manchmal keine menschliche Logik gibt, neige ich dazu, all diese „wissenschaftlich berechneten Fantasien" als Science Fiktion abzustempeln. Dennoch sei angemerkt: Auszuschließen ist absolut gar nichts.
Etwas steht aber fest: In den Schwarzen Löchern hört alles auf, zu existieren. Es gibt dort keinen Raum und keine Zeit. Ein Schwarzes Loch bedeutet sogar das Ende von Zeit und Raum. Wir haben für dieses Phänomen keine Erklärung.
Alles, was einmal in den Sog eines Schwarzen Loches gekommen ist, wird unwiderruflich auch dort hinein gezogen. Es gibt kein Entkommen. Das Schwarze Loch saugt alles in sich hinein, Materie, Energie, einfach alles, was wir kennen. Die Masse, die so ein Loch in sich hinein saugt, wird immer und immer größer. Normalerweise müsste ein Schwarzes Loch vor lauter Energie irgendwann einmal in einer unvorstellbar gigantischen Explosion auseinander fliegen oder diese ständig größer werdende Energie und Masse wieder abgeben, doch nichts von dem passiert. Es bleibt ein Rätsel.
Es gibt viele Wissenschaftler und Wissenschaftlerinnen, die sich regelrecht auf das Phänomen Schwarze Löcher spezialisiert haben. Sie versuchen, schon seit vielen Jahren, mit komplizierten Berechnungen eine Lösung zu finden. Doch alle Versuche, endlich Licht in das Dunkle zu bringen, sind ohne Erfolg.
Im Prinzip könnte man jetzt eigentlich nur eins und eins

zusammen zählen.
Auf der einen Seite haben wir mit den Schwarzen Löchern etwas, was Unmengen an Energie und Materie aus unserem Universum herausnimmt. Wir wissen aber nicht, wohin diese Energie und Materie verschwindet und was damit passiert. Auf der anderen Seite gibt es diese ständig wachsende Energie in den Leerräumen zwischen den Galaxien. Diesen Vorgang können wir uns ebenfalls nicht erklären, weil wir nicht wissen, woher diese Energie die Kraft nimmt, immer weiter zu wachsen.
Wäre es nicht eine einfache Lösung, wenn man sagt: Die Schwarzen Löcher wandeln alles, was sie in sich aufnehmen, in Wachstumsenergie um, die sie in den Leerräumen zwischen den Galaxienhaufen wieder frei geben?
Auch diese Vermutung können wir aber schnell wieder bei Seite legen, denn auch die Schwarzen Löcher hätten nicht das Potential, so eine unvorstellbare Energie zu erzeugen. Außerdem müssten wir uns die Frage stellen, auf welche Art und Weise so eine Energieumwandlung überhaupt stattfinden, und auf welchen Weg die Energie in die Leerräume befördert werden könnte?
Da wir wahrscheinlich niemals erfahren werden, wie es in einem Schwarzen Loch aussieht, wird diese Frage für uns ohne Antwort bleiben.
Greifen wir noch einmal die Vorstellung auf, dass unser Universum eine Art wachsende Zelle ist. Dann könnten neben unserer Zelle, noch viele andere Zellen sein und jede Zelle wäre dann ein eigenes Universum. Zusammen könnten all diese Zellen einen wachsenden Organismus bilden. Dann könnte es vielleicht doch möglich sein, dass diese Energie durch die sagenumwobenen Wurmlöcher

fließt, die unser Universum mit den Nachbaruniversen verbinden. So könnten sich die Universen gegenseitig, in einer Art von Wechselwirkung, Energie zuführen. Viel Utopie, aber wer weiß?
Auch wenn ein Schwarzes Loch ein unvorstellbar leistungsfähiger Reaktor ist, der zusammen mit all den anderen Schwarzen Löchern unglaubliche Energie erzeugen könnte, so müsste sich diese Energie auf geheimnisvolle Weise vervielfachen, um nur annähernd auf unbekannte Weise die Wachstumsenergie zu füttern, Dieses, als Dunkle Energie bezeichnetes Phänomen, ist das allergrößte Rätsel, welches die Wissenschaft momentan beschäftigt.

Die Singularität

Jedes Kind braucht einen Namen. Da gibt es etwas, an dem sich die Wissenschaft die Zähne ausbeißt, etwas mit dem Namen Singularität. Unter Singularität versteht man etwas, das da ist, sich aber wissenschaftlich nicht belegen lässt.
Es wurde bereits erwähnt, dass sich so eine Singularität in den Schwarzen Löchern befindet. Doch gab es angeblich früher schon einmal eine Singularität.
Zwei der namhaftesten Physiker, nämlich Hawking und Penrose, berechneten bereits 1969, dass es bereits beim Urknall eine Singularität gegeben haben musste. Es gab also etwas, das man nicht berechnen konnte.
Nun wird sich jeder Fragen, was ist eigentlich eine Singularität, was ist dieser Begriff, unter dem sich ein Laie überhaupt nichts vorstellen kann?
Die Singularität ist nichts anderes, als die Beschreibung einer ganz bestimmten Situation. Es ist eine Situation, die

definitiv vorhanden ist, aber von der niemand weiß, warum sie vorhanden ist, weil man keine logische Erklärung dafür hat.

Man kann heute fast jede Situation berechnen.

Zum Beispiel: Was ist die Situation der Sonne? Man weiß, wie alt die Sonne ist. Man weiß, was in der Sonne passiert und welche Energie darin erzeugt wird, usw., und man weiß sogar, wie lange diese Energie noch vorhanden sein wird. Die Situation unserer Sonne ist bekannt und selbst Vorgänge, die wir nicht sehen können, weil sie sich im Inneren der Sonne abspielen, können wir berechnen.

Nehmen wir ein Schwarzes Loch und versuchen, die Vorgänge in seinem Inneren zu berechnen, dann stoßen wir auf Dinge, die es eigentlich nicht geben dürfte. Legt man für die Berechnung der Schwarzen Löcher die Allgemeine Relativitätstheorie zu Grunde, dann gehen alle Berechnungen ins Unendliche. Ein solches Ergebnis kann aber unmöglich stimmen. So ein Ergebnis würde alle Gesetze der Allgemeinen Relativitätstheorie über den Haufen werfen. Da die Allgemeine Relativitätstheorie aber ein fester und unumstößlicher Bestandteil der Astrophysik ist, steht die Wissenschaft hier vor einem großen Rätsel. Diese unbekannte Situation in den Schwarzen Löchern bleibt ein unknackbares Rätsel, eine Singularität.

Zurzeit glaubt man, dass sich diese Singularität eher mit der Quantengravitation berechnen lässt. Die unendlichen Werte, die bei diesen Berechnungen entstehen, sollen in einem Quantenschaum enden, beziehungsweise soll der Quantenschaum die Unendlichkeiten ersetzen.

Nun wird sich jeder die Frage stellen: Was ist denn nun schon wieder Quantenschaum?

Quantenschaum, eigentlich müsste es Quantenvakuum

heißen, ist etwas, das sich, wie der Name schon sagt, in der Welt der Quantenmechanik befinden soll. Es soll eine schaumartige Struktur im Raum sein, die zufällig auftaucht und genauso wieder verschwindet. Es soll eine Masse aus Teilchen sein, die sogar die Raumzeit krümmt und dadurch ein nicht beschreibbares Durcheinander in der Quantenwelt erzeugt. Dafür gibt es einige Berechnungen, die ich den Leserinnen und Lesern aber ersparen möchte, da sie von den meisten sowieso nicht verstanden werden, zumal auch die klügsten Köpfe der Wissenschaft nichts genaueres darüber wissen. Ich versuche es einmal so auszudrücken: Dort, wo in der Quantenwelt der uns bekannte Raum aufhört zu existieren, soll der Raum zu Quantenschaum werden.

Ob es einen Quantenschaum aber wirklich gibt, das weiß keiner. Es ist eine These, mit der man versucht, eine Erklärung für das Unbekannte zu finden.

Diese Singularität bleibt nach wie vor ein Mysterium, dessen Erforschung unmöglich zu sein scheint.

Doch wie soll die Wissenschaft der Singularität in einem Schwarzen Loch auf dem Grund gehen? Könnte man eine Sonde hinein schicken, um Näheres über die Vorgänge in dessen Inneren zu erfahren, dann würde diese Sonde beim Eindringen in das Loch zerstört. Selbst eine Sonde, die heil bleiben würde(was unmöglich ist), könnte uns nichts über die Vorgänge in der Singularität mitteilen. Nichts, was einmal in einem Schwarzen Loch verschwunden ist, kann jemals wieder hinauskommen, auch kein Funksignal. Sollte es einem bemannten Raumschiff gelingen, unversehrt in ein Schwarzes Loch einzudringen (was ebenfalls unmöglich ist), dann könnten die Raumfahrer zwar die Singularität darin erforschen, doch wie

wollen sie uns ihr Forschungsergebnis mitteilen? Sie könnten niemals zu uns zurückkehren. Genau so sinnlos wäre es, uns ihre Forschungsergebnisse mit einem Funkspruch zu übermitteln. Das Phänomen Schwarzes Loch lässt nichts, was es einmal in sein Zentrum aufgesaugt hat, wieder hinaus, keine Materie, keine Funksignale und kein Licht. Alles bleibt für immer verschwunden. Ein Schwarzes Loch gibt nichts mehr frei.
Was wissen wir bisher über die Singularität, die in einem Schwarzen Loch existiert? Nichts, denn alles, was den Horizont des Loches überschritten hat, ist für uns nicht mehr erfassbar. Als Horizont bezeichnet man beim Schwarzen Loch den äußeren Rand. Wenn man sich eine weiße Fläche vorstellt, auf der eine schwarze Scheibe (das Schwarze Loch) liegt, dann ist der äußere Rand dieser Scheibe der Horizont. Alles, was diesen Rand (den Horizont) in Richtung Scheibenmitte überschreitet, verschwindet im Schwarzen Loch. Es ist, als wäre es in ein anderes Universum eingetaucht. In unserem Universum ist es nicht mehr vorhanden.
Was passiert dort? Wenn wir auf diese Frage wenigstens eine Teilantwort hätten, dann wäre es für die Wissenschaft schon eine Sensation. Doch wir wissen nichts.
Allerdings kann man Berechnungen darüber anstellen, was einem bei einer Annäherung an ein Schwarzes Loch bis zum Erreichen der Singularität passieren würde. Demnach wäre man starken Gezeitenkräften ausgesetzt, die, je näher man dem Horizont kommt, immer stärker würden. Es sind fast die gleichen Gezeitenkräfte, die auf der Erde für Ebbe und Flut sorgen. Diese Kräfte werden auf der Erde durch die Gravitationskraft des Mondes und der Sonne ausgelöst. Die Weltmeere werden auseinander

gezogen und dabei seitlich zusammengedrückt. Die Wassermassen auf der Erde haben dabei die Form eines länglichen Ovals.
Nähert man sich einem Schwarzen Loch, dann würde man ebenfalls durch Gezeitenkräfte, die durch die unvorstellbare Gravitationskraft des Loches hervorgerufen werden, in die Länge gezogen und dabei seitlich zusammengedrückt. Erreicht man die Singularität in dem Schwarzen Loch, dann würde der Körper seitlich unendlich zusammengedrückt und unendlich in die Länge gezogen. Der Körper würde unendlich verzerrt werden und mit der Singularität verschmelzen.
Die Singularität nimmt alles in sich auf und gibt nichts wieder frei. In der Singularität scheint alles zu enden. Alles, sämtliche Elementarteilchen bis hin zu den Quarks, Energieteilchen, wie Photonen und selbst der Raum und die Zeit scheinen in der Singularität einfach für immer zu verschwinden.
Die unendlichen Werte, die bei den Berechnungen dieser Singularität entstehen, stellt die Wissenschaft vor ein Rätsel. Nach den bisherigen Regeln wird fast nichts im Universum unendlich groß oder unendlich klein. Deshalb glauben die Wissenschaftler, dass ein Ergebnis mit einem unendlichen Wert immer ein Anzeichen für einen Fehler bei der Berechnung ist.
In dieser Singularität gibt es einen unendlichen Druck und einen unendlichen Zug in der Gezeitenkraft. Also etwas, das es nicht geben darf.
Es wurde schon die Theorie aufgestellt, dass ein Schwarzes Loch, wenn es genug Energie in sich aufgesaugt hat, ein mit Energie geladene Teil von sich abkapselt und in einem anderen Universum wieder

ausspuckt.
Dieses Thema wurde auch oft von Science Fiktion Autoren aufgegriffen. Dort reisten dann Astronauten durch Schwarze Löcher in andere Universen. Doch solche Reisen sind, wie gesagt, reine Science Fiktion und in der Realität undenkbar.
Es gibt mittlerweile viele Theorien über Schwarze Löcher, doch die richtige scheint noch keiner gefunden zu haben.
Diese Unendlichkeiten, die es ja eigentlich nicht geben darf, veranlassten die Wissenschaftlerinnen und Wissenschaftler dazu, des Rätsels Lösung in der Quantenmechanik zu suchen, denn die Gesetze der Quantenmechanik lassen solche Unendlichkeiten vielleicht zu. Die Wissenschaft glaubt, dass sich hier zwei verschiedene „Welten“ zusammenschließen. Sie vermuten, dass sich in der Nähe der Singularität die Gesetze der Quantenmechanik mit den Gesetzen der Allgemeinen Relativitätstheorie vermischen. Diese Zusammenfügung wurde als Quantengravitation bezeichnet.
Man glaubt, dass alles, was in ein Schwarzes Loch gezogen wird, von den dort herrschenden Gezeitenkräften in der Singularität verzerrt wird. Bevor diese Verzerrung aber ins Unendliche geht, setzt die Quantengravitation ein. Sie lässt es nicht zu, dass etwas unendlich werden kann.
Wir wissen, dass alles, was in einem Schwarzen Loch fällt, für immer aus unserem Universum verschwunden ist, auch der Raum und die Zeit. Nach der Theorie der Quantengravitation geschieht folgendes: Der Raum und die Zeit, also die Raumzeit, verändert sich beim Einsetzen der Quantengravitation radikal. Die Raumzeit löst sich auf. Bei diesem Vorgang wird die Zeit zerstört. Die Zeit hört einfach auf, zu existieren. Der Raum, der übrig bleibt, wird

zu Quantenschaum, einem Gebilde, dass man sich wie Seifenschaum vorstellen soll.
Man könnte zu diesem Thema jetzt wieder viele komplizierte Berechnungen aufführen, doch auch davor möchte ich die Leser und Leserinnen verschonen, weil ich denke, dass ihnen bereits jetzt schon der Kopf qualmt.
In meinen Augen sind diese ganzen Berechnungen nichts anderes, als verzweifelte Versuche, mit aller Gewalt eine Lösung zu finden. An diesem Problem arbeiten weltweit die besten Fachkräfte und ich nehme den Hut vor der Arbeit dieser Leute ab. Auch wenn ich mir wünschen würde, dass sie eine Lösung finden, so bezweifele ich doch, dass sie dazu in der Lage sein werden, weil dort Dinge stattfinden, die über unseren geistigen Horizont hinausgehen.
Meiner Meinung nach ist es nicht möglich, dass der vorhandene Raum zu Schaum wird. Wie soll das geschehen? Und wie soll die Zeit aufhören zu existieren? Zeit ist etwas, das schon immer da war und das auch immer vorhanden sein wird. Es ist undenkbar, dass die Zeit, wie in anderen Kapiteln bereits erwähnt, erst mit dem Urknall entstanden ist und dass sie irgendwann wieder aufhört zu existieren. Zeit ist immer da. Die Zeit ist gleichgesetzt mit der Ewigkeit und die Ewigkeit mit der Zeit.
Man vermutet auch, dass die Singularität eines Schwarzen Loches vielleicht ein neues Universum erzeugen kann oder dass auch unser Universum aus so einer Singularität entstanden ist.
Doch da es bei der Idee von einem wachsenden Universum den Urknall so niemals gegeben hat, wird es zu Beginn auch keine Singularität gegeben haben.

Es sei noch einmal gesagt: Diese Singularität ist etwas, an dessen Lösung bereits seit vielen Jahren die weltbesten Wissenschaftler und Wissenschaftlerinnen arbeiten. Dennoch scheint eine Lösung dieses Rätsels einfach nicht möglich zu sein. Außer vielen spekulativen Theorien und Berechnungen wurde noch kein brauchbares Ergebnis erzielt.
Der Physiker Kip S. Thorne verfasste das Buch „Gekrümmter Raum und verbogene Zeit", ein beeindruckendes Werk über die Astrophysik, welches überwiegend die Problematik des Phänomens Schwarzes Loch beinhaltet.
Zum Abschluss des Kapitels über die Singularität möchte ich als Anmerkung einen Absatz aus dem Werk von Thorne zitieren:
Wie groß ist die Wahrscheinlichkeit, dass die Singularität eines Schwarzen Loches tatsächlich ein „neues Universum" erzeugt? Wir wissen es nicht. Vielleicht geschieht es niemals; vielleicht geschieht es auch viel häufiger, als wir annehmen. Aber vielleicht befinden wir uns auch mit der Annahme, die Singularität bestehe aus Quantenschaum, völlig auf dem Holzweg.
Diese Anmerkung zeigt, dass selbst die besten Physiker noch weit von einer Antwort weg sind.

Unendlichkeit und Ewigkeit
Die Möglichkeit eines wachsenden Universums hat die logische Folgerung, dass sich alles, was wir kennen, unendlich vergrößern oder verkleinern lässt. Natürlich könnte man das nur, wenn man die entsprechende Technologie dafür hätte.
Gäbe es die Möglichkeit, sich selbst verkleinern, dann

könnten wir theoretisch bis in den Mikrokosmos vordringen. Wir würden immer neues entdecken, wenn wir in der Lage wären, diese Verkleinerung ständig fortzusetzen. Eines könnten wir aber niemals: Es ist nicht möglich, das Ende des Mikrokosmos´ zu erreichen, denn ein Ende gibt es nicht. Selbst wenn wir ewig leben würden und uns unendlich lange immer wieder verkleinern könnten, ein Ende gibt es definitiv nicht. Der Weg in den Mikrokosmos führt in die Unendlichkeit.
Das gleiche gilt aber auch umgekehrt. Könnten wir uns permanent vergrößern, dann wäre unsere Lage praktisch die gleiche, nur im umgekehrten Sinn. Wenn wir immer weiter wachsen würden, zu einer unvorstellbar gigantischen Größe, dann könnte man sich folgendes vorstellen. Zunächst wäre die Sonne uns gegenüber vielleicht nur noch so groß, wie ein Fußball und Planeten nur noch so groß, wie Bohnen und Erbsen. Schreitet die Vergrößerung voran, dann verschwinden die Planeten aus unserem Sichtfeld. Die Sonne bleibt ein winziger, leuchtender Punkt. Um uns herum sehen wir auf einmal unzählige leuchtende Punkte. Das sind die Sterne. Je größer wir werden, je enger rücken die Sterne in unserem Blickfeld zusammen, bis wir schließlich die Gesamtmenge aller Sterne als Spiralnebel vor uns sehen. Wir blicken auf die Milchstraße, unsere Heimatgalaxie. Während die Milchstraße immer kleiner wird, tauchen daneben andere Galaxien auf. Darunter ist auch unsere Nachbargalaxie, der Andromedanebel. Er ist ebenfalls eine Spiralgalaxie und ist unserer Milchstraße sehr ähnlich. Doch während wir weiter wachsen, schrumpfen augenscheinlich auch die Galaxien. Auch sie sind bald nur noch mehr oder weniger helle Punkte. Um uns herum tauchen immer neue Punkte

auf, ebenfalls alles Galaxien. Unsere Heimatgalaxie ist in dieser immensen Masse schon gar nicht mehr ausfindig zu machen. Genau wie die vielen Sterne sich zu einer Galaxie vereinigen, entsteht aus den zigmilliarden Galaxien ein Gebilde. Wir blicken auf ein gigantisches Gebilde, das eine netzartige Struktur hat und einem gewachsenen Schwamm ähnelt.
Bis hier hin lässt sich alles noch nachweisen. Doch das, was jetzt kommt, bleibt ein Mysterium.
Das Gebilde, was wir sehen, muss um sich herum ja auch noch etwas haben. Wie groß ist diese schwammartige Struktur? Was für einen unvorstellbaren Körper bildet sie? Egal, was es ist, wenn wir immer weiter wachsen, dann würde auch dieser Körper in unseren Augen immer kleiner werden, so klein, dass man ihn in dem, was man jetzt sieht, nicht mehr wahrnehmen könnte.
Auch im großen Universum wäre so eine Vergrößerung ein Akt der Unendlichkeit. Man könnte sich ewig vergrößern und würde auch hier, genau wie im Mikrokosmos, niemals ein Ende erreichen. Alles ist unendlich.
Eigentlich werden die Begriffe Makro- und Mikrokosmos von uns angewandt, weil wir genau dazwischen sind. Ist etwas viel kleiner als wir dann ist es Mikro und ist etwas viel größer, dann ist es Makro. Wenn man es aber genau nimmt, dann gibt es eigentlich keinen Mikro- und Makrokosmos. Es gibt nur einen, nach allen Seiten hin, unendlichen Kosmos.
Die Worte „Unendlich“ und „Unendlichkeit“, sowie die Worte „Ewig“ und „Ewigkeit“ kommen sehr oft in unserem Sprachgebrauch vor. Doch hat sich eigentlich schon jemand gefragt, was diese Begriffe überhaupt bedeuten?

Ich glaube, nur wenige Menschen haben sich bisher ganz bewusst Gedanken über die eigentliche Bedeutung dieser Begriffe gemacht. Es sind Begriffe, die sich, wenn man es ganz genau nimmt, nur sehr schwer erklären lassen.
Fangen wir mit der Unendlichkeit an. Was bedeutet Unendlichkeit? Welche Definierung könnte man anwenden? Man könnt sagen: „Es endet nie", „Es hört nie auf" oder „Es wäret ewig". Doch kann man sich wirklich geistig vorstellen, dass etwas nie aufhört?
Wie sieht es mit dem Begriff Ewigkeit aus? Was ist eine Ewigkeit wirklich? Hier könnte man sagen: „Es ist immer" oder „Es ist eine unendlich lange Zeit".
Dieses sind alles keine endgültigen Erklärungen. Es sind schlicht und einfach nur Darstellungsversuche. Es sind Begriffe, die wir benutzen, aber niemals endgültig erklären können. Alles, was wir kennen, ist endlich und auch zeitlich begrenzt. Es gibt in unserer dreidimensionalen Welt nichts, was unendlich oder ewig ist.
Alles, was wir kennen, hört irgendwo auf. Jede Materie und jeder Körper hat begrenzte Ausmaße. Unendlich groß ist nichts. Genau so wenig gibt es etwas, das ewig vorhanden ist. Alle Organismen haben nur eine begrenzte Lebensdauer. Das gleiche gilt auch für Materie. Auch die größte und hellste Sonne, selbst wenn sie viele hundert Millionen Jahre brennt, vergeht irgendwann.

Ob wir es wahrhaben wollen, oder nicht, diese zwei Begriffe übersteigen einfach unseren geistigen Horizont.
Wenn ein Leser oder eine Leserin dieses Buches aber glaubt: „Ich verstehe die Unendlichkeit", dann bitte ich darum, das Buch zur Seite zu legen, die Augen zu schließen und sich Folgendes vorzustellen:

Ich habe ein ewiges Leben. Jetzt sitze ich in einem Raumschiff und fliege durch das Universum. Der Flug mit vielfacher Lichtgeschwindigkeit geht immer gerade aus. Ich fliege sehr schnell, so schnell, dass die Sterne, an denen ich vorüberfliege, nur so an meinem Raumschiff vorbeihuschen. Ich habe als Ziel einen unendlich langen Flug in meinen Bordcomputer einprogrammiert. Dieser Flug ist für mich problemlos, denn mein Raumschiff hat ebenfalls unendlich viel Energie und ich habe ja ein unendlich langes Leben. Eine neuartige Technologie ermöglicht es mir unendlich lange ohne Nahrung auszukommen. Der Autopilot meines Raumschiffes hält einen schnurgeraden Kurs. Nun fliege ich Monate, Jahre, Jahrhunderte und Jahrtausende immer gerade aus. Nach so langer Zeit habe ich keine Lust mehr, weiter zu fliegen. Doch als ich die Steuerung meines Raumschiffes wieder selbst übernehmen will, stelle ich fest, dass sie nicht mehr reagiert. Ich kann machen, was ich will, mein Raumschiff reagiert einfach nicht und hält den Kurs und die Geschwindigkeit bei. Ich fliege also immer weiter. Aus den Jahrtausenden werden Millionen und Milliarden Jahre. Auch nach Trillionen von Jahren weiß ich, dass ich noch viele Trillionen Jahre fliegen werde. Ich werde ewig fliegen, denn ich wollte ja in die Unendlichkeit. Mein Flug endet nie. Irgendwann frage ich mich, was ich eigentlich erreichen werde und was das Ziel meines Fluges sein wird. Mein Ziel ist die Unendlichkeit. Doch ist die Unendlichkeit ein Ziel, das man niemals erreichen kann.

Der Leserinnen und Leser dieses Buches soll die Augen weiterhin geschlossen halten und sich wieder diese Reise durch das Universum vorstellen. Er sieht vor seinem geistigen Auge wieder die Sterne am Fenster des

Raumschiffes vorbeihuschen. Und nun stelle man sich vor, dass man erst wieder die Augen öffnen darf, wenn das Ziel, die Unendlichkeit, erreicht ist.
Wenn wir reisen, dann haben wir ein Ziel, das wir erreichen wollen und auch können. Die Unendlichkeit kann aber kein Ziel sein, denn sie ist unerreichbar.
Das Einzige, was unendlich ist, das ist die Ewigkeit und das Einzige, was ewig ist, ist die Unendlichkeit.
Ich behaupte schlicht und einfach, dass unsere Intelligenzebene nicht hoch genug ist, die Begriffe Unendlichkeit und Ewigkeit wirklich richtig zu verstehen.
Einfach von Intelligenz zu reden, das wäre falsch. Deshalb habe ich zum besseren Verständnis den Begriff „Intelligenzebene" geprägt. Ich werde versuchen, den Begriff „Intelligenzebene" einmal zu beschreiben.
Stellen wir uns vor, dass sich in einem Labor gerade ein Tröpfchen Flüssigkeit zwecks Begutachtung unter einem Mikroskop befindet. In diesem Tröpfchen tummeln sich Tausende von Bakterien. Einige davon sind räuberischer Art und fressen andere, die sagen wir mal vegetarisch leben, auf. Normalerweise sind die vegetarischen Bakterien vor Raubbakterien gut geschützt, denn sie haben eine Art von Panzer um sich herum, der eigentlich jeden Angriff von Raubbakterien verhindert. Die vegetarischen Bakterien verbinden sich untereinander oft zu Gruppen. Damit sie aneinander „andocken" können, müssen sie ihren schützenden Panzer öffnen. Die Bakterien berühren sich mit winzigen Tentakeln, die speziell nur Vegetarier haben. Diese Berührung ist das Signal: Ich bin einer von euch. Die Schutzpanzer werden geöffnet und die Bakterien fügen sich zusammen. Danach wird der Panzer sofort wieder geschlossen, um vor einen Angriff durch

Raubbakterien sicher zu sein. Jetzt haben aber die Räuber eine List, um dennoch an ihre Beute zu kommen. Sie haben ebenfalls winzige Tentakeln entwickelt, die denen der anderen Bakterien gleichen. So lassen sich die Vegetarier täuschen und öffnen bei der Berührung der Tentakeln ihren Panzer. Damit sind sie schutzlos und werden von den Räubern aufgefressen. Mit dieser intelligenten List sind die Raubbakterien den anderen überlegen. Da die Räuber aber selbst keine Feinde in diesem Tröpfchen Flüssigkeit haben, sind sie darin die überlegene „Rasse". Sie beherrschen durch ihren intelligenten Trick alles, was sich in dem Wassertropfen befindet. Dieses Tröpfchen ist ihre Welt. Eine Welt, die sie aus eigener Kraft nie verlassen könnten. Alles, was sich außerhalb dieser Welt befindet, ist für sie unerreichbar. Sie sind zwar in ihrer Welt die „intelligenteste Rasse", doch könnten sie niemals das erahnen oder erfassen, was außerhalb ist. Jeder wird jetzt sagen: Was sollen solche hirnlosen und stupiden Bakterien ohne Intelligenz auch erfassen können? Doch, - was ist mit uns Menschen? Auf unserem Planeten sind wir ja angeblich die herrschende Rasse. Wir glauben, dass wir hier die Intelligentesten sind. Doch alles, was sich außerhalb unserer Reichweite und außerhalb unseres Erfassungsvermögens befindet, das können auch wir nicht erahnen. Wir kennen zwar andere Planeten, Sonnen und Galaxien, doch die Bedeutung und den Zusammenhang des Universums, das uns umgibt, werden wir niemals richtig verstehen. Der Grund dafür ist ganz einfach. Genau wie den Bakterien, fehlt uns die Intelligenz, um die nächst höhere Intelligenzebene zu erkennen und zu verstehen.

Gelangt eine Bakterie in einen menschlichen Körper, dann

ist dieser Körper aus Sicht der Bakterie ein Universum. Dass sie sich in einem Körper befindet, das kann die Bakterie geistig nicht erfassen.
Wie mag der Körper aussehen, in dem sich unser Universum, vielleicht als winziges Fragment, befindet? Eine Frage, die wohl niemals beantworten werden kann.

Die Intelligenzebenen
Ein Bestandteil der Theorie vom wachsenden Universum ist die Theorie der Intelligenzebenen. Sie ist ebenfalls ein Puzzleteilchen des großen Ganzen.
Wenn man sich intensiv mit Astronomie und Astrophysik beschäftigt, versucht man zwangsläufig, immer auf dem neusten Stand der Dinge zu sein. Immer wieder gibt es neue Entdeckungen und immer wieder neue Rätsel. Kapazitäten, wie Wheeler, Hawking, Thorne, usw., alle haben sie mehr oder weniger ihre eigenen Theorien. Um das Universum besser zu verstehen, versuchen die Wissenschaftler und Wissenschaftlerinnen, aus vielen unbekannten Dingen, beziehungsweise aus Vorgängen, die sie nicht nachvollziehen können, ein Puzzle zusammen zu stellen. Man versucht, durch mathematische Formeln und Gleichungen logische Folgerungen über alles herauszufinden, was für uns nicht erfassbar ist. Die Wissenschaft gibt sich größte Mühe, solche Rätsel wie Röntgensterne, Radiogalaxien und Schwarze Löcher sie uns stellen, zu lösen.
Wie faszinierend ist doch die Erforschung von Quasaren, das sind Radioquellen im Universum, die sich mit unglaublicher Geschwindigkeit von uns wegbewegen. Ein solches Objekt mit der Bezeichnung 3C48 entfernt sich zum Beispiel mit 37% der Lichtgeschwindigkeit von uns

weg. 3C48 ist etwa 4,5 Milliarden Lichtjahre von der Erde entfernt. Ein anderes Objekt namens 3C273 ist 2 Milliarden Lichtjahre von uns entfernt. Diese Objekte zählen zu den entferntesten, die man je beobachtet hat. Ebenfalls unglaublich ist die Energie, die von solchen Objekten ausgeht. 3C273 hat eine Leuchtkraft, die dreihundertmal heller ist, als die unserer Milchstraße. Doch während Galaxien ihr Licht aus einer wahnsinnig großen Masse von Sonnen, die sich in einem Raumgebiet von einigen hundert Lichtjahren befinden, erzeugen, entsteht das Licht von 3C273 in einem Raumsektor, der einen Durchmesser von nur einen Lichtmonat hat. Dieser Quasar ist sogar 4,1 Billionen mal heller, als unsere Sonne. Man stelle sich folgenden Vergleich vor. Neben der Sonne schwebt ein Staubkorn. Die Größe dieses Staubkorns beträgt nur Bruchteile von einem Millimeter, also ein so kleines Teilchen, dass wir es nicht einmal sehen könnten. Und dennoch hat dieses winzige Staubkörnchen so viel Energie, dass es heller als die Sonne strahlt. Mit anderen Worten: Das Licht der Sonne wäre neben der Energie des Staubkorns gar nicht mehr erfassbar.
Der Wissenschaft stellt sich die Frage: Was ist 3C273 für ein Objekt und woher nimmt es eine solche Energie? Man glaubt, dass 3C273 ein unvorstellbar massereiches Objekt ist, welches über eine beispiellos leistungsfähige Energiequelle verfügt. Man vermutete, dass diese Energiequelle ein gigantisches Schwarzes Loch sein könnte, aber man fand keine Erklärung dafür, wie diese Energie „übertragen“ werden könnte.
Wie bereits erwähnt, entfernen sich solche Objekte mit unglaublicher Geschwindigkeit von uns weg. Je weiter sie

sich von uns entfernen, desto größer wird die Geschwindigkeit. Dieses ist auf die fortschreitende Expansion des Universums zurückzuführen. Nun nehmen wir zum wiederholten Mal das, von den Wissenschaftlern immer wieder genommene Beispiel vom Ballon, den man gerade aufbläst. Objekte, die sich auf der Ballonoberfläche befinden, entfernen sich immer weiter von einander und folge dessen erscheint auch die Geschwindigkeit immer größer, je weiter sie sich voneinander entfernen. Dieser sich aufblähende Ballon ist in der Tat ein gutes Beispiel für die Urknalltheorie. Doch es zeigt auch an, wie paradox diese Theorie ist. Demnach ist außerhalb der „Ballonhülle" ein „Nichts". Wie bereits schon erwähnt, kann es kein absolutes Nichts geben. Dieses „Nichts" ist etwas. Doch können wir dieses „Etwas" mit unserer beschränkten Intelligenz einfach nicht erfassen. Hier sind wir momentan an die Grenzen unseres Erfassungsvermögens angelangt. Ein weiteres Beispiel für die Grenzen unseres Erfassungsvermögens ist die Radiogalaxie Cyg A, aus deren dunkler Mitte ein sogenannter Jet zu sehen ist, der zwei riesige Radioblasen mit „Gase" versorgt. Dieser Jet hat nach jeder Seite eine Ausdehnung von 100.000 Lichtjahren und die von ihm erzeugten Radioblasen haben jeweils einen Durchmesser von 200.000 Lichtjahren. Auch darin vermutet man ein Schwarzes Loch. Doch hat diese Theorie auch viele Gegner. Wie bereits vorher schon beschrieben, sind Schwarze Löcher bis zu einem bestimmten Punkt mathematisch nachvollziehbar. Doch ab einem bestimmten Punkt versagen bei den Berechnungen die Gesetze der Allgemeinen Relativitätstheorie. Hier versucht man sich mit der Quantengravitation zu behelfen. Doch leider ist diese Welt der Quanten-

mechanik, wie bereits erwähnt, ein Bereich, in dem man nur mit theoretischen Vermutungen arbeitet. Es ist ein Gebiet, das noch so gut wie unerforscht ist. Ebenso ist die Theorie, dass in einem Schwarzen Loch nur die Gesetze der Quantenwelt herrschen, eine reine Vermutung. Tatsache ist, dass hier wieder ein Punkt erreicht ist, dessen Verständnis weit über das menschliche Erfassungsvermögen hinaus geht. Dort, wo die Gesetze der Allgemeinen Relativitätstheorie einfach nicht mehr anwendbar sind, dort, wo sie ihre Gültigkeit verlieren, entsteht eine Singularität. Etwas, das wir, wie bereits im Kapitel über die Singularität erklärt, nicht mehr berechnen können, weil es nach allen Gesetzen der Physik gar nicht existieren kann, etwas, das von uns nicht mehr logisch verstanden wird, weil es eigentlich nicht sein kann.
Je mehr man sich mit solchen Dingen beschäftigt, desto mehr versucht man, alles nach rein wissenschaftlichen Aspekten nachzuvollziehen. Man arbeitet bei der Lösung von solchen Rätseln mit logischen Überlegungen. Stößt man auf etwas Unbekanntes, auf etwas, für das es absolut keine einleuchtende Erklärung gibt, dann bleibt es auch weiterhin ein Rätsel.
Es gibt aber auch andere Möglichkeiten, eine Lösung für etwas Unerklärliches zu finden. Man braucht nur einmal die Logik beiseite zu schieben und der Phantasie freien Lauf lassen. Dann ergeben sich Lösungen, die zwar mathematisch nicht nachvollziehbar sind, aber dennoch besser sind, als eine Nulllösung.
Doch egal, wie man es sieht, der Mensch kann mit seinen Möglichkeiten nur so viel erfassen, wie es der ihm gegebene Grad an Intelligenz zulässt.
Die meisten Menschen haben einen großen Fehler. Sie

halten die Menschheit für intelligent und alle andere Lebewesen für dumm. Für diese Menschen haben zum Beispiel Tiere keine Intelligenz, sondern nur irgendeinen Instinkt.
Was aber ist in unseren Augen Intelligenz?
Stellen wir uns einmal vor, dass wir ein schnelles Raumschiff haben und damit die Tiefen des Universums erkunden. Wir entdecken plötzlich einen fremden Planeten. Dieser Planet hat eine Atmosphäre, die der Erdatmosphäre gleicht. Auch sonst ähnelt dieser fremde Himmelskörper unserem Heimatplaneten. Als wir diesen Planeten näher erkunden wollen, stellen wir fest, dass er bewohnt ist. Da unser Phantasie-Raumschiff eine Art von Tarnvorrichtung hat, können wir damit in einer Höhe von wenigen Metern über den Boden fliegen, ohne, dass uns die Bewohner dieses Planeten bemerken.
Wir sehen, dass auf dieser Welt ein Volk existiert, dem es gelungen ist, sich dort sehr erfolgreich zu etablieren. Dieses, auf dem ersten Blick primitive Volk, lebt über den ganzen Planeten verteilt. Es hat sich dermaßen angepasst, dass es in den klimatisch kühleren Zonen genauso gut leben kann, wie in den tropisch heißen Gebieten am Äquator. Dieses Volk lebt, wie wir, in Staaten. An den Staatsgrenzen kommt es zwar manchmal zu Auseinandersetzungen mit Mitgliedern aus dem Nachbarstaat, doch im Allgemeinen funktioniert das Leben in mehr oder weniger geordneten Verhältnissen. Auch die Kommunikation unter einander funktioniert sehr gut. Man hat eine respektable Infrastruktur aufgebaut. Die Gebiete sind mit Wege, die einem Straßennetz gleichen, durchzogen, und in den Zentren pulsiert das Leben. Was für einen Außenstehenden anfangs wie ein wildes Durch-

einander aussieht, entpuppt sich bei genauerem Hinsehen als sinnvolle Tätigkeit. Jedes Mitglied des Volkes geht einer Arbeit nach, die einen Sinn und Zweck verfolgt. Auf der einen Seite gibt es die Jäger und Sammler. Auf der anderen gibt es auch viele, die im Agrarbereich tätig sind. Die einen sind für die Kultur der pflanzlichen Nahrung zuständig und die anderen für die Tierhaltung und deren Pflege. Um das Volk gut zu versorgen, gibt es ein ausgeklügeltes Transportwesen. Auch der Nachwuchs wird gut versorgt, denn man hat hierfür extra Horte eingerichtet. Genau wie wir Menschen, besitzt dieses Volk aber auch ein Heer aus Soldaten, die den Staat vor Feinden verteidigen und das Staatsoberhaupt beschützen. Etwas unterscheidet dieses Volk aber noch von uns Menschen. Alle Aufgaben und Arbeiten werden mit Körperkraft ausgeführt. Technische Hilfsmittel, wie wir Menschen sie kennen, sind diesem Volk unbekannt.
Mit welchen Augen würden wir Menschen ein solches Volk sehen? Ist so ein einfaches Volk intelligent? Oder ist es ohne Intelligenz, weil es über keine technischen Hilfsmittel verfügt?
Die Antwort ist ganz einfach. Natürlich besitzt ein Volk, das in so geordneten Verhältnissen lebt und ein solch ausgeklügeltes Staatssystem hat, eine Intelligenz. Nur lebt es auf einer anderen Intelligenzebene, als wir Menschen. Dieses Volk wird niemals in der Lage sein, technische Hilfsmittel zu entwickeln, weil es auf Grund von mangelndem Verständnis niemals verstehen wird, was ein technisches Hilfsmittel überhaupt ist.
Ich habe absichtlich nicht erwähnt, wie die Mitglieder dieses Volkes aussehen. Dennoch bin ich davon überzeugt, dass die meisten bei dieser Schilderung an

menschenähnliche Wesen gedacht haben. Es ist auch ganz normal, dass man automatisch an humanoide Wesen denkt, wenn man so eine Geschichte hört. Viele der Leser werden sich eine Art von Urmenschen vorgestellt haben. Hätte ich gesagt, dass diese Wesen das Aussehen von Schlangen, Schnecken oder vielleicht sogar von Giraffen hätten, wäre es dem Leser schwerer gefallen, diese Schilderung zu akzeptieren. Wenn aber menschenähnliche Wesen ein solch geordnetes Leben führen, dann kann man diese Geschichte gut nachvollziehen, denn unsere Arroganz sagt uns, dass alles Andere, was wir kennen, überhaupt nicht in der Lage ist, so einen funktionierenden Staat aufzubauen.
Wie es auch sei, fest steht, dass wir auf diesen fremden Planeten ein mehr oder weniger intelligentes Volk entdeckt haben.
Nun sage ich aber, dass alle Leserinnen und Leser dieses intelligente Volk bereits kennen. Es lebt auch nicht auf irgendeinen fremden Planeten, sondern es lebt auf unserer Erde.
Es handelt sich um das Volk der Ameisen.
Das Ameisenvolk lebt, wie jeder weiß, in Staaten. In ihren Bauten haben sie sich systematisch Gänge und Kammern gebaut. Es gibt eine Kammer für die Königin, und es gibt getrennte Kammern für die Eier, die Larven und die Jungameisen, die allesamt sehr gut gepflegt und versorgt werden. Es gibt große Vorratskammern und sogar Kammern, in denen sich die Ameisen bestimmte kleine Pilze züchten, die sie später als Nahrung nehmen. Als „Milchkühe“ halten sich die Ameisen Läuse. Diese werden regelmäßig „gemolken“. Die Ameisen streifen dabei mit ihren Vorderbeinen über den Hinterleib der Läuse, damit

diese dann den sogenannten Honig- oder Sonnentau, eine süße Flüssigkeit, abgeben. Diese Flüssigkeit ist eine willkommene Abwechslung in ihrem Speiseplan. Doch trinken die Ameisen den Honigtau nicht alleine, sondern füttern damit auch ihre Königin. Sollte den Läusen die Nahrung ausgehen, dann tragen die Ameisen ihre „Milchkühe“ sogar auf frische Blätter. Wenn sich Fressfeinde der Läuse einfinden, dann werden diese sofort von den Ameisen angegriffen. Die Ameisen greifen alles an, was ihr System, ihr Staatsgefüge stört. Sie verteidigen es sogar bis zum Tod.
Ameisen können sogar drahtlos miteinander kommunizieren, und das über sehr weite Strecken hinweg. Wenn zum Beispiel Paarungszeit ist, und die geflügelten Ameisen ausschwärmen, um einen Partner zu finden, dann erlebt man ein beeindruckendes Schauspiel. Scheinbar wie auf Kommando kommen die Ameisen aus ihren Bauten. Zunächst ein Heer von „Wachposten“. Wenn diese keine Gefahr ausmachen, dann schwärmen die paarungsbereiten Männchen und Weibchen zu Hunderten aus dem Bau und beginnen mit dem Paarungsflug. Das Faszinierende daran ist, dass dieses Schauspiel in allen Ameisenbauten gleichzeitig stattfindet. Aus Bauten, die kilometerweit auseinander liegen, schwärmen die Ameisen exakt zur gleichen Zeit aus. So sorgen sie dafür, dass möglichst viele von ihnen den Fressfeinden entgehen und möglichst viele einen Paarungspartner finden. Wie machen die Ameisen das? Es ist, als wenn sie vor einem Funkgerät sitzen und gleichzeitig den Befehl hören: „Ausschwärmen!“. Egal, welche Möglichkeiten sie haben, eines steht fest. Ameisen sind intelligent. Nur liegt ihre Intelligenzebene deutlich unter unserer.

Wenn ich auf eine belebte Ameisenstraße einen Gebrauchsgegenstand, nehmen wir an, einen Kugelschreiber, lege, dann wissen die Ameisen, dass dort etwas liegt. Für sie ist es irgendein Gegenstand, denn einen Gegenstand können sie noch erfassen. Dass man aber diesen Gegenstand zu etwas gebrauchen kann, das geht über ihren Intelligenzhorizont weit hinaus. Es wäre logischerweise unmöglich, einer Ameise zu erklären, dass man mit einem Kugelschreiber zeichnen und schreiben kann. Ganz zu schweigen davon, wird eine Ameise niemals verstehen, was schreiben und zeichnen überhaupt ist. Um das zu verstehen, müssten Ameisen auf einer höheren Intelligenzebene sein. Trotzdem wäre es Vermessen von uns, wenn wir Ameisen nur als kleine dumme Insekten sehen.

Das Ameisenvolk habe ich als Beispiel dafür genommen, um die Arroganz der menschlichen Rasse darzustellen, die Arroganz unserer scheinbar alles überragenden Intelligenz.

Wenn menschenähnliche Wesen auf einem anderen Planeten ein solches Staatssystem, wie es die Ameisen besitzen, aufbauen, dann halten wir diese Wesen für intelligent. Doch die Ameisen, die ja exakt das gleiche Staatssystem haben, sind in unseren Augen nur dumme Insekten.

Genau so, wie unsere Intelligenz den Ameisen überlegen ist, genau so überlegen ist die Intelligenz der Ameisen gegenüber den Pilzkulturen, die sie züchten. Eine Ameise, die ihre Pilzkultur pflegt, weiß scheinbar genau, was sie tut. Dieses Wissen kann man aber nicht im Entferntesten mit unserem Wissen vergleichen, da es wie gesagt, in einer anderen Intelligenzebene stattfindet. Die Intelligenz der Pilze ist so niedrig, dass sie niemals erfassen können, dass sie eine, von Ameisen gezüchtete, Kultur sind. Wer jetzt sagt, dass Pilze zu den untersten Lebensstufen gehören und hier wirklich keine Intelligenz vorhanden sein kann, den werde ich jetzt eines Besseren belehren.

Es gibt Einzeller, die im Waldboden leben. Sie ernähren sich von Bakterien. Sind die Bodenbakterien in ihrer Umgebung aufgefressen, ist damit ihre Nahrungsquelle verschwunden. Dann beginnt ein merkwürdiges Ritual. Die Einzeller senden, wie auch immer, ein Signal aus. Wie auf Kommando strömen dann alle Einzeller der unmittelbaren Umgebung zusammen. Sie alle bewegen sich auf einen bestimmten Punkt zu. Zu Tausenden schließen sie sich dort zusammen. Die Einzeller verschmelzen regelrecht miteinander und bilden so einen neuen Körper. Es entsteht ein Mehrzeller, eine Amöbe. Diese Amöbe kriecht an die Erdoberfläche und gibt neue Einzeller in die Luft ab. Der Wind sorgt schließlich dafür, dass sie auf diese Weise verbreitet werden. Bei diesen Amöben handelt es sich um Schleimpilze.

Dieses Beispiel der Schleimpilze soll zeigen, dass selbst Einzeller, die ja als niedrigste Form des Lebens bekannt sind, miteinander kommunizieren können und das sogar über eine bestimmte Entfernung. Dieser Vorgang ist ein Akt, der auf intelligente Weise das Überleben der Art sichert.

Auch wenn es sich unverständlich anhört, alle Lebewesen haben einen gewissen Grad an Intelligenz. Wir Menschen sind zwar, unserer Meinung nach, das Intelligenteste, was wir kennen, doch mit Sicherheit nicht das Intelligenteste, was es gibt.

Es ist sogar ganz offensichtlich so, dass einige Lebe-

wesen, die wir bereits kennen, in ihren Intelligenzebenen dem Menschen überlegen sind. Wir Menschen haben die Möglichkeit, weltweit miteinander zu kommunizieren und das sogar kabellos. Legt man das Alter der menschlichen Rasse zu Grunde, dann ist diese technische Errungenschaft noch nicht sehr alt. Die drahtlose Verständigung der Ameisen beim Paarungsflug dürfte aber schon viele tausend Jahre alt sein. Auch die Signale, die von den Einzellern ausgesandt werden, wenn die Nahrungsquelle versiegt ist, dürfte eine uralte Erfindung sein.
Für solche Signale gibt es in der Natur viele Beispiele. Wenn eine Biene auf eine gute Futterquelle, wie besonders nektarhaltige Blüten gestoßen ist, dann fliegt sie zurück in den Bienenstock und macht eine Art von Tanz. Dieser Tanz zeigt den anderen Bienen ganz genau, wo die reichhaltige Nahrungsquelle zu finden ist. Die Bienen können aus diesem Tanz die genaue Entfernung und die genaue Richtung der Nahrung ablesen, denn sie fliegen zielsicher dort hin. Es gelingt der Biene, ihren Kollegen zu sagen: „Fliegt 235 Meter in Richtung Nord-Nordost."
Es gibt auch in der Pflanzenwelt viele Beispiele von drahtloser Kommunikation. Ein Maisfeld wird von Schädlingen befallen. Sobald diese Schädlinge an einer Stelle des Feldes damit beginnen, die Blätter abzufressen, entwickelt der Mais am anderen Ende des Feldes bereits Giftstoffe, um diese Schädlinge abzuwehren. Die einzelnen Pflanzen teilen sich durch Signale irgendwie mit, dass Fressfeinde im Anmarsch sind. Diese Kommunikation funktioniert über eine Entfernung von vielen hundert Metern.
Ein weiteres Beispiel für drahtlose Verständigung sind die

Mimosen. Diese Pflanzen sind bekannt dafür, dass sie bei geringster Berührung ihre empfindlichen Blätter zum Schutz einklappen. In einem Versuch wurden zwei Mimosen, die jeweils in einem Blumentopf wuchsen, nebeneinander aufgestellt. Der Abstand zwischen den Töpfen betrug einen halben Meter. Unter den Blättern einer dieser Pflanzen wurde eine Flamme gehalten. Dieses geschah allerdings in einem Abstand, der die Blätter der Mimose nicht verbrennen ließ. Wie erwartet, reagierte die Pflanze sofort und klappte ihre Blätter ein. Die andere Mimose, die diese Hitze nicht spüren konnte, ließ gleichzeitig einige Blätter zurückklappen. Auf irgendeine Art muss sie Warnimpulse von der anderen Pflanze erhalten haben. Wie das funktioniert, ist nicht bekannt. Auch hier steht die Wissenschaft vor einem Rätsel.

Man sieht also, dass es viele Lebewesen mit einer niedrigeren Intelligenzebene viel eher geschafft haben, eine sehr gute „Kommunikationstechnik" zu entwickeln, als wir Menschen.

Alle Verständigungsmöglichkeiten, die sich die Natur hat einfallen lassen, haben einen Sinn. Dass wir Menschen die Möglichkeit haben, weltweit miteinander zu kommunizieren, ist natürlich eine Leistung unserer Intelligenz und keine Leistung der Natur. Doch wer hat unsere Intelligenz denn erschaffen? Wie hat sie sich denn entwickelt? Die Antwort ist einfach: Durch die natürliche Evolution. Mit anderen Worten bedeutet das, dass auch unsere Intelligenz ein Produkt der Natur ist.

Wir Menschen verständigen uns untereinander eigentlich genau so, wie es auch die anderen Lebewesen tun. Selbstverständlich aber auf einer anderen Intelligenzebene, denn die Bienen, Ameisen, usw. verfügen über

keine so ausgeklügelte Technik, wie wir. Eine Technik, die wir uns durch unsere „alles überlegene Intelligenz“ mühselig erarbeitet haben. Sollte es uns nicht zu denken geben, dass sogar Einzeller, die ja nur irgendein winziges, hirnloses Teilchen aus einer schleimigen Masse sind, sich auch ohne Technik über eine bestimmte Entfernung verständigen können?
Man könnte die Intelligenz der verschiedenen Arten theoretisch nach Stufen einteilen. Die Ameise ist intelligenter, als der Pilz, den sie züchtet. Ein Affe, der mit Hilfe eines Stöckchens in einem Ameisenbau herumstochert, weiß, dass die Ameisen an diesem Stöckchen hoch krabbeln und er sie dann als Delikatesse verspeisen kann. Der Affe ist logischerweise intelligenter, als die Ameise. Wir Menschen wiederum sind intelligenter, als die Affen.
Ja, wir Menschen sind so intelligent, dass wir etwas geschafft haben, was bisher noch kein anderes Lebewesen auf unserem Planeten geschafft hat. Wir haben Waffen entwickelt, um mit einem Schlag tausende unserer eigenen Gattung töten zu können. Na, das nenne ich mal Intelligenz! Besser gesagt, wäre allein das schon ein Grund, die Intelligenz der menschlichen Rasse anzuzweifeln.
Doch ist so eine Aufteilung der Intelligenz in meinen Augen nicht ganz richtig. Eine Aufteilung in Intelligenzebenen wäre zweckmäßiger. Alles, was über eine bestimmte Intelligenzebene hinaus geht, kann nicht mehr verstanden werden. Selbst wir Menschen verstehen vieles nicht, was sich auf anderen Intelligenzebenen abspielt. Für uns ist es zum Beispiel ein Rätsel, wie sich die Mimosen untereinander drahtlos verständigen. Wir wissen

nicht, was sie für Signale aussenden und wie sie das machen. Das, was für die Mimosen normal ist, geht offensichtlich noch über die menschliche Intelligenzebene hinaus.
Es gibt auf unserem Planeten noch viele Rätsel, die wir bisher nicht lösen konnten. Als Beispiel möchte ich hier einmal ganz bestimmte Schmetterlinge, nämlich Monarchfalter nennen. Diese Falter fliegen im Herbst von Nordamerika los und machen sich zum Überwintern auf den Weg nach Mexiko, um sich dort, in der Sierra Nevada, auf einem nur wenige Hektar großen Areal mit mehreren 100 Millionen Artgenossen zu treffen. Dabei legen sich Strecken von bis zu 3600 Kilometer zurück! Was für eine Leistung für ein so zartes Geschöpf. Nach der Überwinterung machen sie sich wieder auf den Rückweg. Unterwegs machen sie Station, um sich zu paaren. Die befruchteten Weibchen legen Eier, daraus schlüpfen Raupen, die sich verpuppen. Aus diesen Puppen entsteht dann die nächste Generation Monarchfalter, die den Flug nach Norden fortsetzt. Auch diese Falter paaren sich unterwegs und es entsteht eine weitere Schmetterlingsgeneration, die ebenfalls weiter nach Norden zieht. Bis sie ihre Urheimat in Nordamerika erreicht haben, können bis zu vier neue Generationen entstehen. Im Herbst machen sich all diese Falter dann wieder auf die lange Reise nach Mexiko. Um sich bei ihrer Reise zu orientieren, richten sie sich nach dem Sonnenstand und nach dem Magnetfeld der Erde. So finden sie zielsicher das nur wenige Hektar große Gebiet in der Sierra Nevada. Die Frage ist: Woher wissen diese Schmetterlinge so genau, wo sie hin müssen? Offensichtlich wurde dieses Wissen mit den Genen weitergegeben. Wie das aber passiert, das ist ein

Rätsel. Wenn die Falter nach der Überwinterung zurück nach Norden fliegen, geben sie ihr Wissen um den Überwinterungsort an bis zu vier Generationen weiter. Doch, wie machen sie das? Man stelle sich vor, sie legen Eier. So ein Monarchfalter-Ei ist knapp einen Millimeter groß. In diesem Ei ist in geringster Form eine undefinierbare Flüssigkeit vorhanden. In dieser Flüssigkeit, aus der sich langsam eine Raupe bildet, muss also schon das komplette Wissen, die kompletten Informationen der Längen- und Breitengrade des kleinen Areals in der Sierra Nevada, vorhanden sein und auf die Raupe übergehen. Wenn die Raupe groß ist und sich verpuppt geschieht Folgendes: In der Puppe zersetzt sich die Raupe in eine undefinierbare, breiige Flüssigkeit, aus der sich später der Schmetterling bildet, der schließlich schlüpft, um seinen Weg nach Norden zielsicher fortzusetzen. Auf dem Weg zu seinem Ziel paart er sich aber erneut, und so entstehen, wie bereits erwähnt, bis zu vier Generationen, die schließlich ihr Ziel erreichen. Auch bei diesen Generationen, die noch nie vorher in Mexiko waren und den Überwinterungsort noch nie gesehen haben, werden die geographischen Daten des Gebiets in der Sierra Nevada weiter gegeben und zwar ebenfalls über den winzigen Inhalt, der sich in einem knapp einen Millimeter großen Schmetterlings-Ei befindet. So kennt auch ein Falter der vierten Generation bereits das Ziel, was er im Herbst anfliegen wird. Natürlich zerbricht sich die Wissenschaft den Kopf darüber, wie so etwas möglich ist. Wie geben die Monarchfalter eine so komplexe Information mit ganz genauen geographischen Daten weiter? Passen solche Daten überhaupt in so ein Winziges Ei? Hinzu kommt noch die Weitergabe vom Falter an das

Ei, vom Ei an die Raupe, von der Raupe über die Puppe zum Falter, der die Informationen erneut an das Ei abgibt. Es folgt wieder Raupe, Puppe, Falter, Ei, Raupe, usw. Die Wissenschaft steht vor einem Rätsel. Tatsache ist, dass die Falter, die dieses immense Wissen über Generationen geerbt haben, zielsicher ihren Überwinterungsplatz in der Sierra Nevada finden, ohne jemals vorher dort gewesen zu sein. Scheinbar haben die Monarchfalter eine Möglichkeit gefunden, ihr Wissen weiterzugeben, die wir Menschen nicht verstehen. Auch das ist für mich eine Art Intelligenz.

Sicher, es gibt viel und es gibt wenig Intelligenz. Doch es wird mit Sicherheit sogar etwas geben, das das Erfassungsvermögen unserer Intelligenz schon überschreitet, wenn wir nur daran denken. Es ist das Vorhandensein von unendlich viel oder auch unendlich wenig Intelligenz. Wer sich jetzt fragt, wie man sich so etwas überhaupt vorstellen soll, dem sei gesagt, dass es eigentlich unvorstellbar ist. Es ist für uns unverständlich, weil solche Vorstellungen die Grenzen unserer Intelligenzebene überschreiten.

Irgendwo wird es für uns unbegreifliche Wesen geben, die auf einer höheren Intelligenzebene leben, als die Menschen. Aufgrund unseres fehlenden Verstandes, der nötig wäre, um in die nächst höhere Ebene einzudringen, könnten wir diese Wesen niemals erfassen. Für diese Wesen wären wir die unscheinbaren Bakterien, die einem Instinkt nachgehen. Vielleicht wären wir aber in den Augen dieser Wesen(wenn sie Augen haben), so etwas, wie die Ameisen für uns sind, ein Volk, das Straßen und Bauten vorweisen kann, das arbeitet und Staaten aufgebaut hat. Dennoch könnten uns die Wesen der höheren

Intelligenzebene nicht erklären, wie ihrer Welt funktioniert. Wir könnten es nicht erfassen, weil wir schlicht und einfach zu dumm dazu sind. Es wäre genau so, als würden wir versuchen, einer Ameise zu erklären, wie eine Armbanduhr funktioniert.
In dem Buchabschnitt über Unendlichkeit und Ewigkeit habe ich als Beispiel das Wassertröpfchen mit den Bakterien genannt. Dieses Beispiel möchte ich noch einmal aufgreifen.
Für die Bakterien ist das Wassertröpfchen ihr Kosmos. Es ist ihr Universum, denn sie könnten von alleine niemals einen Weg hinausfinden. Selbst, wenn sie am inneren Rand des Tröpfchens entlang schwimmen, sie kämen niemals darauf, dass es außerhalb noch eine Welt gibt und dass dort das Universum weiter geht. Alles, was sich außerhalb des Tröpfchens befindet, ist für die Bakterien nicht erfassbar, weder geistig noch körperlich, und somit ist es auch nicht vorhanden. Es überschreitet ihre Intelligenzebene. Es gibt viele Dinge, die wir Menschen nicht verstehen, Dinge, die es nach unseren Regeln eigentlich überhaupt nicht geben dürfte. Schwarze Löcher zum Beispiel gibt es, obwohl es sie eigentlich nach allen Regeln der Physik und der Allgemeinen Relativitätstheorie nicht so existieren dürften. Auch wir können, genau wie die Bakterien, nicht die Grenzen unseres Universums erfassen. Der Kosmos, den wir Menschen kennen, ist für uns das gleiche, was für die Bakterien das Wassertröpfchen ist. Auch in unserem Universum, in unserem Wassertröpfchen, leben wir, gefangen in unserer Intelligenzebene. Auch unser Wassertröpfchen könnte sich in einem anderen Universum befinden, in einem Universum, das wir niemals verstehen würden. Auch wenn

das Beispiel mit den Bakterien eigentlich unzutreffend ist, weil wir Menschen uns mit den Bakterien in der gleichen physischen Welt befinden, es ist aber bezüglich der Intelligenzebenen ein einleuchtendes Vergleichsbeispiel.
Lassen wir nun unserer Fantasie mal wieder freien Lauf und stellen uns vor, dass es eine fiktive, utopische Parallelwelt gibt, eine Welt mit anderen Dimensionen, eine Welt, die wir mangels fehlender Auffassungsgabe nicht erfassen können, also eine Art „Geisterwelt". Hier sind alle physikalischen und chemischen Vorgänge, wie wir sie kennen, außer Kraft gesetzt, und es herrschen Kräfte, die wir nicht verstehen. In so einer, für uns nicht vorstellbaren Welt, könnten Wesen leben, deren Intelligenzebene so hoch ist, dass sie die Unendlichkeit und die Ewigkeit verstehen, weil sie selbst ewig leben. Für solche Wesen könnten wir Menschen die Bakterien im Wassertropfen sein. Solche Wesen könnten mit allem Leben, was auf der Erde vorhanden ist, sogar Experimente manchen, auch mit uns. Rein theoretisch könnte sogar das ganze Universum, in dem wir leben, ein Experiment dieser Wesen sein. Wie solche Wesen aussehen könnten und was genau in so einer fiktiven Welt vor sich gehen würde, könnten wir niemals verstehen. Hier kann jeder seiner Fantasie freien Lauf lassen.
Wenn wir in einer höheren Intelligenzebene leben würden, dann könnten auch wir vielleicht die Ewigkeit und die Unendlichkeit verstehen. Doch müssen wir uns damit abfinden, dass für uns alles endlich ist, auch die Intelligenz.
Natürlich habe ich mir auch den Kopf darüber zerbrochen, ob es Lebensformen geben könnte, die tatsächlich in einer uns weit überlegenen Intelligenzebene leben. Diese

Wesen könnten wir dann genauso wenig wahrnehmen, wie die Bakterien im Wassertröpfchen uns Menschen wahrnehmen können, weil es unsere Möglichkeiten schlicht und einfach überschreiten würde. Wie würden Lebensformen, die in der Lage sind, die Unendlichkeit und die Ewigkeit zu verstehen, aussehen? Wir können die Ewigkeit nicht erfassen, weil wir nicht ewig leben. Wer aber die Ewigkeit erleben kann, der muss also auch ewig leben. Doch Lebewesen, die ewig leben? Wie soll das gehen? Ewig bedeutet ja, es war schon immer da und es wird immer da sein. Es bedeutet nicht nur, dass so ein Wesen in der Zukunft für immer da sein wird, weil es ewig lebt, es bedeutet auch, dass es in der Vergangenheit ebenfalls schon immer endlos lang existierte. Das wiederum würde bedeuten, dass ein Wesen, das ewig lebt, keinen Beginn hatte, also niemals geboren wurde, niemals aus einem Ei geschlüpft ist oder auf andere Weise sein Leben begonnen hat, weil es schon immer da gewesen sein muss. Bei solchen Überlegung hilft uns selbst die allergrößte Fantasie nicht, denn wir können es einfach nicht verstehen. Da ergeht es uns sinngemäß wie einer Ameise, die zwar einen funktionierenden Staat aufgebaut hat, aber der wir niemals erklären könnten, wie eine Uhr funktioniert, weil ihre Intelligenzebene dafür nicht ausreicht.

Als ich auf einen alten Text aus den Nag-Hammadi-Schriften gestoßen war, hatte ich sofort an meine Überlegungen über Lebewesen, die in der Ewigkeit existieren könnten, denken müssen. Diese alten Schriften wurden in Ägypten, in der Nähe des kleinen Ortes Nag-Hammadi gefunden. Dabei handelt es sich um originale Texte der gnostischen Christen, die teils aus dem ersten

Jahrhundert stammen. In einem dieser Texte unterhält sich Matthäus mit Jesus, der in dem Text als Erlöser bezeichnet wird. Ich zitiere, was der Erlöser in diesem Text über Gott sagt:
Denn er ist unsterblich und ewig. Er ist ewig, weil er nicht geboren ist; denn wer geboren wurde, wird sterben. Er ist ungezeugt, denn er hat keinen Anfang; denn jeder, der einen Anfang hat, hat ein Ende. Da niemand über ihn herrscht, hat er keinen Namen, denn wer einen Namen hat, ist das Geschöpf eines anderen... Und er hat eine eigene Gestalt -... eine unbekannte Gestalt, die alles übertrifft und besser ist, als die Welt. Sie sieht nach allen Seiten und sieht durch sich selbst. Da sie unendlich ist, ist er immer unbegreiflich. Er ist unsterblich und hat nicht seinesgleichen... Er ist ewig. Er ist heilig. Obwohl er nicht erkannt werden kann, erkennt er sich fortwährend selbst. Er ist unermesslich. Er ist unauffindbar. Er ist vollkommen und ohne Fehl. Er ist heilige Unsterblichkeit.
Jeder sollte sich sein eigenes Bild zu diesen Worten machen. Egal, wie man diese Worte auslegt, fest steht, dass in diesem, fast zweitausend Jahre alten Text, eine Lebensform beschrieben wird, die in einer für uns unergründlichen Dimension lebt, in einer Welt, in der Existenzen unendlich und ewig sind.
Wir können über eine solche Welt reden und wir können darüber schreiben, aber dank unserer begrenzten Intelligenzebene werden wir eine solche Welt niemals verstehen und begreifen können.

Kann man zurück in die Vergangenheit?

Der Begriff „Zeitreisen“ ist ein Thema vieler Science Fiktion Filme. Dort kann man mit Hilfe von diversen Maschinen in die Vergangenheit und in die Zukunft reisen. Das alles ist natürlich Utopie.

Dennoch haben wir die Möglichkeit, in die Vergangenheit zu blicken. Jeder wird jetzt sagen: Natürlich geht das, denn wenn man sich einen alten Tempel, der vor zweitausend Jahren gebaut wurde, ansieht, dann blickt man auf eine zweitausend Jahre alte Vergangenheit.

Doch ist so eine Aussage falsch. Wir blicken nicht in die Vergangenheit, sondern sehen etwas, das in der Vergangenheit gebaut wurde. Für uns steht dieser Tempel aber in der Gegenwart.

Und dennoch, wenn man es ganz genau nimmt, dann blicken wir fast immer in die Vergangenheit. Ohne, dass wir uns dessen bewusst sind, schauen wir oft viele Jahre zurück. Jedes Mal, wenn unsere Augen nachts zum Sternenhimmel gerichtet sind, dann blicken wir in die Vergangenheit. Der erdnächste Stern ist Proxima Centauri. Er ist 4,2 Lichtjahre von der Erde entfernt. Mit anderen Worten bedeutet das: Wir sehen den Stern so, wie er vor 4,2 Jahren aussah. Nehmen wir einen anderen Stern, der weiter entfernt ist. Der Stern Deneb aus dem Sternbild Schwan ist 1500 Lichtjahre von uns entfernt. Wenn wir Deneb anschauen, dann blicken wir 1500 Jahre in die Vergangenheit. Wir wissen nicht, ob Deneb überhaupt noch existiert. Er könnte bereits vor tausend Jahren explodiert und schon lange nicht mehr vorhanden sein. Doch sollte das der Fall sein, dann wird es die Menschheit erst in 500 Jahre erfahren. Da alle Sterne sehr weit weg sind, werden wir in unserem Leben wohl kaum

eine nennenswerte Änderung im All miterleben können. Es gibt nur elf Sterne, die weniger als zehn Lichtjahre von uns entfernt sind. Und selbst diese Entfernungen sind für viele Menschen oft geistig nicht mehr erfassbar.
Ein Lichtjahr hat fast zehn Billionen Kilometer. Es sind, für die Leute, die es genau wissen wollen, 9 467 007 800 000 km. Der Stern Deneb ist also 1500 mal 10 Billionen Kilometer von uns entfernt. Das ist fast unvorstellbar.
Wir können also in die Vergangenheit sehen. Und rein theoretisch könnten wir sogar in die Vergangenheit reisen. Alles, was wir sehen, ist Licht. Licht, das von einem Gegenstand, den wir anschauen, abgesendet wird. Wir sehen eigentlich nicht den Gegenstand, sondern nur das Licht, welches er reflektiert. Das hört sich zwar merkwürdig an, aber es ist Tatsache.
Schalten wir in einem fensterlosen Raum das Licht aus, dann sieht man absolut nichts mehr. Dann ist es stockdunkel. Selbst der Raum, in dem wir sind, ist nicht mehr zu sehen. Wenn das Licht wieder angeschaltet wird, dann ist der Raum wieder zu sehen, da das Licht von den Wänden reflektiert wird. Unser Gehirn meldet uns, dass wir die Wände des Raumes erblicken. Und dennoch ist das, was wir sehen, eigentlich nur die Reflektion des Lichtes, welche auf die Wände fällt.
Lassen wir der Phantasie einmal freien Lauf und nehmen an, es gäbe einen Planeten, der ein Lichtjahr von uns entfernt ist. Nehmen wir weiter an, dass wir ein gigantisches Teleskop hätten, ein Teleskop, das so stark ist, dass wir einen Raumfahrer, der auf diesem Planeten gelandet ist, durch dieses Teleskop von der Erde aus sehen könnten. Wir sehen, wie der Raumfahrer uns von diesem Planeten aus zuwinkt. Das, was wir durch das

Teleskop sehen, wäre Vergangenheit. Der Raumfahrer hat uns bereits vor einem Jahr zu gewunken, denn das, was wir sehen, ist das Licht, welches vor einem Jahr von diesem Raumfahrer reflektiert wurde. Der Raumfahrer hat bereits vor fast einem Jahr diesen Planeten wieder verlassen und dennoch sehen wir ihn dort stehen. Das, was wir durch unser Teleskop erblicken, ist Vergangenheit. Es ist eine Vergangenheit, die man durch das Teleskop „live" miterleben kann.
Lassen wir weiter der Phantasie freien Lauf und nehmen an, es gäbe ein Raumschiff, welches mit tausendfacher Lichtgeschwindigkeit reisen könnte. Dann müsste eine Zeitreise theoretisch möglich sein.
Wenn wir mit dieser Geschwindigkeit von der Erde aus starten, dann überholen wir das Licht, welches die Erde absendet. Das wiederum würde bedeuten, dass wir unseren eigenen Start sehen könnten, wenn wir zurückblicken. Würden wir mit vielfacher Lichtgeschwindigkeit davon fliegen und mit der gleichen Geschwindigkeit wieder zurück kommen, dann würden wir uns unseren eigenen Start als Zuschauer ansehen können.
Diese Situation ist paradox. Sie ist theoretisch möglich, jedoch trotzdem undenkbar. Kein Mensch weiß, was passiert, wenn etwas schneller als das Licht ist.
In Science Fiktion Filmen redet man vom Hyperraum, einen Raum, der sich in einer anderen Dimension befindet. Das ist zwar Science Fiktion, doch ist so etwas eine denkbare Erklärung für Überlichtgeschwindigkeit. Das Licht, was wir sehen, stammt entweder von einer Lichtquelle oder einem Körper, der das Licht reflektiert. Sollte so ein Körper schneller sein, als das Licht, also

schneller, als seine eigene Reflektion, dann würde das bedeuten, dass er nicht mehr sichtbar ist. Er ist schneller als das Licht, was ihn normalerweise anstrahlt. Dieses Licht kann den Körper dann nicht mehr einholen, weil er zu schnell ist. Wenn kein Licht mehr auf diesen Körper auftrifft, dann kann der Körper auch kein Licht mehr reflektieren. Doch was passiert mit so einem Körper? Ist er einfach nur unsichtbar, solange er so schnell fliegt? Oder gibt es im Universum wirklich einen Überraum, eine andere Dimension, in die dieser Körper eintritt?
Nun, der Körper könnte aber auch in einer anderen Zeit sein. Alles, was wir kennen, alle Materie, ob Stahl oder Stein, ob Tier oder Pflanze, alle Materie unterliegt den Gesetzen der Lichtgeschwindigkeit. Auch Dinge, die man nicht sehen kann, wie Infrarotsignale, Strom, Schallwellen, Radiowellen, usw., unterliegen der Lichtgeschwindigkeit. Absolut nichts, was wir kennen, ist schneller als das Licht.
Alles Licht, also alle Dinge, die wir erblicken, sehen wir in der Gegenwart, auch wenn wir eigentlich nur die Vergangenheit sehen, nämlich den Moment, in dem das Licht reflektiert wurde.
Doch, was sehen wir wirklich?
Hier kommt wieder Albert Einsteins gut alte Relativitätstheorie zum Einsatz. Wenn wir in den nächtlichen Himmel blicken und einen entfernten Stern sehen, dann ist es für uns Gegenwart, denn wir schauen ja in diesem Moment zum Stern. Das, was wir sehen ist aber Jahre alte Vergangenheit, denn wir sehen den Stern so, wie er vor vielen Jahren aussah. Wir wissen nicht einmal, ob er in diesem Moment überhaupt noch existiert. Das, was wir sehen ist zwar gegenwärtig, aber dennoch Vergangenheit. Alles ist relativ.

Sollte wirklich jemand versuchen, durch die Zeit zu reisen, dann wird er mit Sicherheit den Schlüssel für eine solche Reise in der Überlichtgeschwindigkeit suchen. Es gibt aber noch einen Grund, warum sich die Menschheit nach Überlichtgeschwindigkeit sehnt. Es ist die ewige Sehnsucht der Menschen nach dem Unerforschten. Das, was früher fremde Länder waren, das sind heute die unendlichen Weiten des Weltraums. Ohne die Möglichkeit, schneller als das Licht zu sein, werden wir niemals zu anderen Sonnensystemen vordringen können. Ohne Überlichtgeschwindigkeit platzt diese Sehnsucht der Menschheit, wie eine Seifenblase.

Die Frage, ob es möglich ist, schneller als das Licht zu sein, stellt sich immer wieder.

Die Grundlagen der Allgemeinen Relativitätstheorie stellen fest, dass die Lichtgeschwindigkeit die einzige Konstante im Universum ist. Alles kann man verändern, nur die Lichtgeschwindigkeit nicht.

Bei einem wissenschaftlichen Experiment ist man aber auf eine ganz merkwürdige Sache gestoßen. Man ist sich zwar noch nicht ganz sicher, glaubt aber, die Lichtgeschwindigkeit überschritten zu haben.

Allerdings wurde die Lichtgeschwindigkeit nicht von einem Körper, sondern von Quanten überschritten. Quanten, das sind die kleinsten uns bekannten Energieteilchen. Dass Energie die Lichtgeschwindigkeit erreichen kann, das ist bekannt, denn das Licht ist ja selbst Energie. Es besteht aus den Energieteilchen, die wir Photonen nennen.

Doch was passiert, wenn die Lichtgeschwindigkeit überschritten wird? Bei einem physikalischen Experiment, wurde der Tunneleffekt entdeckt. Bei diesem Experiment mit einem sogenannten Tunnel wurde ein unglaubliches

Ergebnis erzielt. Dieses überraschende Ergebnis kam nicht absichtlich zustande. Es war ein reiner Zufall, der dazu führte.
Man leitete Energieteilchen durch eine tunnelartige Röhre. Exakt in der Mitte des Tunnels war dieser mit einer Masse versperrt. Eigentlich wollte man mit diesem Experiment feststellen, wie die Energieteilchen auf die Sperre reagieren und wie schnell sie wieder zurück kommen, wenn sie von der Sperre abprallen. Die Ergebnisse dieser Messung bestanden zwar nur aus Bruchteile von Nanosekunden, man kann aber, dank modernster Technik, auch solche Zeiten exakt messen. Man stellte fest, dass die Energieteilchen mit der gleichen Geschwindigkeit wieder zurück kamen, mit der sie in den Tunnel hinein geschossen wurden.
Doch plötzlich entdeckte man etwas Merkwürdiges, etwas, das nicht hätte passieren dürfen. Es war tatsächlich einigen Energieteilchen gelungen, die Sperre zu durchbrechen. Wie diese Teilchen das gemacht haben, bleibt ein Rätsel, denn die Sperre war nach den physikalischen Gesetzen für diese Teilchen absolut undurchdringlich. Es war so, als würde man einem Fußball gegen eine Mauer schießen, der Ball würde zwar abprallen, aber einige Teile des Balles würden die Mauer durchdringen, ohne diese zu beschädigen.
Man konnte in diesem Experiment also messen, dass Energieteilchen an beiden Seiten des Tunnels wieder austraten. Es war eine Sache, die es eigentlich nicht geben konnte. Das, was die Messungen aber dann ergaben, war noch unglaublicher. Man stand vor einem unfassbaren Rätsel. Die Teilchen, die es geschafft hatten, die Sperre zu durchdringen, waren schneller am Ende des

Tunnels, als die Teilchen, die zurück kamen. Da alle Teilchen mit Lichtgeschwindigkeit in die tunnelartige Röhre geschossen wurden, mussten die Energieteilchen, die durch die Sperre gedrungen waren, folglich schneller sein, als das Licht.
Dieses Ergebnis konnte einfach nicht stimmen. Es musste ein Fehler beim Messen gegeben haben. Das Experiment wurde daraufhin immer und immer wieder wiederholt und trotzdem war das Ergebnis nach wie vor das gleiche.
Bis zum Auftreffen auf die Sperre waren alle Energieteilchen gleich schnell. Doch während die einem abprallten und mit der gleichen Geschwindigkeit wieder zurück kamen, schienen die anderen in der Sperre zu verschwinden, um im gleichen Moment am Ende des Tunnels wieder zu erscheinen. In dem Augenblick, in dem die einen Energieteilchen von der Sperre abprallten und sich auf den Rückweg machten, hatten die anderen schon das Tunnelende erreicht. Diese Teilchen konnte man in der zweiten Tunnelhälfte auch nicht mehr messen. Sie hatten diesen Weg auf rätselhafte Weise „übersprungen".
In Science Fiktion Romane wird so etwas als Teleportation beschrieben. In der Realität ist es aber eine Sache, die es nach den physikalischen Gesetzen nicht geben kann. Mit diesem „Sprung" der Energieteilchen wurde eindeutig die Lichtgeschwindigkeit überschritten, bzw. müsste man sagen „übersprungen".
Doch, wie haben sie das gemacht? Waren sie tatsächlich aus unserem Raum und vielleicht sogar aus unserer Zeit verschwunden?
Leider stecken die Quantentheorie und die damit zusammen hängende Quantenmechanik noch in den Kinderschuhen, denn hier passieren nur sehr schwer

nachvollziehbare Vorgänge.
Vielleicht war dieses zufällige Ergebnis eines Experiments, auch wenn es noch kein Mensch erklären kann, ja der Anfang zu neuen Erkenntnissen, die irgendwann einmal dazu führen, die Grenzen der Lichtgeschwindigkeit zu überschreiten. Selbst wenn man es schaffen sollte, Energieteilchen schneller als das Licht zu befördern, dann heißt das mit Sicherheit noch nicht, dass dieses auch mit fester Materie funktionieren könnte.
Bei Energieteilchen wissen wir, dass sie in der Lage sind, feste Materie zu durchdringen. Schallwellen oder Radiowellen bestehen aus Energieteilchen. Wer hat nicht schon oft über die lästigen Energieteilchen von Schallwellen geschimpft, wenn sie in Form von zu lauter Musik aus der Nachbarwohnung unsere Wände durchdrangen?
Natürlich können auch Materieteilchen eine andere Materie durchdringen, aber das geht nicht, ohne diese Materie zu verformen oder zu zerstören. Deshalb dürfte auch der Traum, feste Materie schneller als das Licht zu befördern, unrealistisch sein.
Doch wenn dieses in ferner Zukunft doch gelingen sollte, dann würde es die Menschheit in eine neue technische Situation bringen, die das Unmögliche möglich macht: Die Überbrückung von Zeit und Raum.

Gibt es außerirdisches Leben?

Die Überschrift dieses Kapitels ist eine Frage, die viele Befürworter, aber auch immer noch viele Gegner hat. Alle Menschen, die einfach nicht glauben wollen, dass es außerirdische Intelligenzen geben kann, sollten eigentlich schnell umdenken. Denn es ist mehr als vermessen, zu glauben, dass nur die Menschheit mit Intelligenz aus-

gestattet wurde. Hinzu kommt, dass es ja auch auf unserem Heimatplaneten, außer dem Menschen, noch andere intelligente Lebewesen gibt. Diese Lebewesen sind nur einer anderen Intelligenzebene zuzuordnen.
Ich bin kein Mensch, der unbedingt an Fliegende Untertassen glaubt, doch würde ich auch niemals sagen: Es gibt sie nicht.
Wenn wir wirklich einmal in der Lage sein sollten, mit einem Raumschiff loszufliegen, um andere Intelligenzen zu suchen, dann wäre die Aussicht auf Erfolg wohl eher im mittleren Bereich unserer Galaxie möglich. Dort ist die Sternendichte erheblich höher als in dem Randbereich, in dem sich unser eigenes Sonnensystem befindet.
Auch andere Intelligenzen würden wohl eher das Zentrum der Galaxie absuchen, Deshalb ist die Möglichkeit, dass wir einmal von Außerirdischen besucht werden, sehr gering.
Wer weiß, vielleicht sieht es im Zentrum der Galaxie ja aus, wie in Science Fiktion Filmen. Vielleicht gibt es dort ja wirklich viele bewohnte Planeten, die sogar Handel untereinander betreiben und wenn diese Völker ebenfalls die gleichen schlechten Erbanlagen, wie wir Menschen haben, dann gibt es bestimmt auch interstellare Kriege.
Das ist natürlich alles Utopie. Doch wie gesagt, würde ich niemals sagen, dass es so etwas nicht geben könnte.
Ich bin aber davon überzeugt, dass es im Universum Leben gibt. Denn, wenn man sich einmal vor Augen führt, dass die Wissenschaft die Anzahl der Galaxien in den Billionenbereich einordnet(und es sind mit Sicherheit noch viel mehr) und alleine unsere Galaxie mindestens 100 Milliarden Sterne(lt. Wissenschaft könnten es aber bis zu 400 Milliarden sein) aufweist, dann kann man einfach nicht

glauben, dass nur auf der Erde Leben existiert. Unser Sonnensystem hat neun Planeten. Wir wissen, dass auch andere Sterne Planeten haben, doch wir wissen nicht, wie viele. Es könnte fremde Sonnen geben, die keine Planeten haben, aber auch welche, die von 30 Planeten umkreist werden. Wenn wir davon ausgehen, dass unser Sonnensystem mit seinen neun Planeten der Durchschnitt ist, dann könnte man eine einfache Rechnung über die Menge der Planeten in unsere Milchstraße aufstellen. 9 Planeten mal 100 Milliarden Sterne in der Milchstraße ergäben 900 Milliarden Planeten allein in unserer Galaxie, und wenn, wie angenommen, die Milchstraße sogar 400 Milliarden Sterne hat, würde sich diese Zahl noch vervierfachen. Da es ja Billion Galaxien geben soll, müsste die Zahl der Planeten im Universum so groß sein, dass man sie nicht mehr erfassen könnte. Dann sehe die Rechnung, wenn man 400 Milliarden Sterne pro Galaxis rechnet, wie folgt aus:
400 Milliarden x 900 Milliarden x 1 Billion, eine unvortellbare Zahl.
Sollte es bei dieser wahnsinnig großen Anzahl an Planeten nur die Erde zum Leben gebracht haben?
Das ist einfach unmöglich. Die Bausteine des Lebens sind im ganzen Universum verstreut und werden mit Sicherheit auch hier und da gefruchtet haben.
Das, was uns die Science Fiktion Filme an Aliens vorführen, ist zwar Utopie, doch ist die Existenzmöglichkeit solcher Wesen nicht unmöglich. Unserer Phantasie sind hier keine Grenzen gesetzt. Wenn man es aber ganz genau nimmt, dann braucht man für das eventuelle Aussehen von außerirdischem Leben überhaupt keine Fantasie. Um die Möglichkeiten zu erkennen,

muss man sich nur auf der Erde umsehen. Unser Planet brachte eine unübersehbare Masse an Arten mit unzähligen Formen hervor. Die Zahl der vielen Millionen Lebensformen, die um uns herum existieren, ist immer noch nicht genau bekannt. Diese Lebensformen beginnen bei den mikroskopisch kleinen Protozoen(Einzeller), den Bakterien und den Viren. Winzige Leukozyten(Blutkörperchen) suchten sich unseren Körper als ihr Universum aus. Die Fauna auf unserem Planeten beschert uns über fünfhunderttausend Pflanzenarten. Die Welt der Flechten und Pilze ist immer noch ziemlich unerforscht, aber man schätzt heute, dass es über eine Millionen Arten sein könnten. Die Pflanzen und die Pilze sind in ihren Formen und Farben teilweise so skurril, dass sie uns mit ihrem „außerirdischen" Aussehen oft verblüffen. Noch vielfältiger ist die Tierwelt. Es gibt die Säugetiere, angefangen von der Maus über den Hund bis hin zum Elefanten. Dann sind da noch die Reptilien, angefangen von der kleinen Eidechse über die Schlangen bis hin zu den großen Krokodilen. Es gibt die vielen Vogelarten und nicht zu vergessen die unzähligen Fischarten, die noch teils unentdeckt in den Ozeanen schwimmen. Den größten Artenreichtum bescheren uns aber die Insekten. Von ihnen sind bisher über eine Millionen verschiedene Arten bekannt und man schätzt, dass in den tropischen Regenwäldern einige Millionen weitere Arten noch unentdeckt leben. Auch die Insekten bescheren uns die kuriosesten Formen, angefangen vom schrulligen Käfer bis hin zum bunt schillernden Schmetterling. Damit sind aber noch lange nicht alle Tiergattungen genannt, denn es fehlen noch die so genannten „niederen Tiere". Darunter versteht man Spinnen- und Krabbentiere, aber auch Muscheln,

Schnecken, Seeanemonen, Seesterne und Korallen. Auch diese Lebewesen überraschen uns immer wieder mit unglaublichen Formen und Farben. Die Forscher sind sich sicher, dass die meisten Spezies dieser Tierfamilie auch heute noch völlig unbekannt sind, da die Ozeane, besonders die Tiefsee, erst zu einem winzigen Bruchteil erforscht sind. Wenn wir uns einen Dokumentationsfilm über die Tiere der Tiefsee anschauen, dann überkommt uns das Gefühl, in eine neue, fremde Welt zu blicken. Man sieht merkwürdig anmutende Fische, die sogar eine Art leuchtende Laterne auf ihren Köpfen herumtragen, man entdeckt bizarr geformte Quallen, die selbsttätig Leuchten und mit ihren bunten Lichtern ein wahres Feuerwerk abbrennen und plötzlich taucht aus der Dunkelheit der Tiefsee ein Wesen auf das einer Krake ähnlich sieht und dessen Form und Farbe dem Betrachter glatt den Atem verschlägt. Gleichen diese fremdartig wirkenden Wesen nicht irgendwelchen Aliens aus einer anderen Welt? Wenn unser kleiner Planet schon so viele Millionen Arten und Formen aufweist, dann frage ich mich, wie es auf anderen Planeten aussehen könnte.

Bisher wurden ungefähr 4000 Exoplaneten, also Planeten außerhalb unseres Sonnensystems, entdeckt. Auf einen dieser Planeten entdeckte man sogar Wasser und eine Atmosphäre, doch da die Oberflächentemperatur auf diesem Planeten zu hoch ist, wird es dort wahrscheinlich kein Leben geben. Dennoch wissen wir jetzt, dass es tatsächlich Planeten mit erdähnlichen Bedingungen gibt.

Lebewesen, die auf fremden Planeten existieren, hätten mit uns wohl nur sehr wenig Ähnlichkeit. Sie wären an Lebensumstände ihres Heimatplaneten angepasst. Hat ihr Planet eine andere Atmosphäre, dann hätten diese Wesen

auch einem dem entsprechenden Atmungsapparat. Es könnte sogar Wesen geben, die in einer Art von flüssiger Gasatmosphäre leben.
Unsere Erde ist zu zwei Dritteln mit Wasser überzogen und viele der darin lebenden Tiere atmen auch anders als wir, nämlich durch Kiemen. Also, es könnte durchaus sein, dass es irgendwo sogar intelligente Wesen gibt, die sich der Kiemenatmung bedienen.
Doch muss ein Lebewesen unbedingt atmen? Es kann selbstverständlich Lebensformen geben, die ganz ohne Atmung auskommen.
Auch die Größe von Außerirdischen wäre dem Umfeld angepasst. Wesen, die auf einem Planeten leben, der ein Vielfaches der Erdgröße hat, müssten dementsprechend „stärker" sein, denn die Anziehungskraft würde sie sonst zerquetschen.
Was das Aussehen von außerirdischen Wesen angeht, da sind für unsere Phantasie keine Grenzen gesetzt.
Seit geraumer Zeit gibt es ein Projekt, bei dem Wissenschaftler nach Anzeichen von außerirdischer Intelligenz suchen. Diese Projekt heißt SETI und es arbeiten daran weltweit Leute, die begierig danach sind, endlich den Beweis dafür zu finden, dass wir nicht alleine sind. Viele große Radioteleskope suchen ständig den Himmel nach irgendwelchen Signalen, die nicht natürlichen Ursprungs sind, ab. Bisher war die Suche allerdings erfolglos.
Es besteht die Möglichkeit, dass uns andere Wesen auf die gleiche Weise suchen. Doch da wir uns, wie gesagt, am A.... der Welt, sprich unserer Galaxie, befinden, würden diese Wesen wohl ihre Suche auf das Zentrum der Milchstraße konzentrieren. Auf Grund der größeren

Sternendichte stehen dort stehen die Chancen, fremdes Leben zu finden, wesentlich besser. Sollten diese fremden Wesen aber doch ihre Antennen in unsere Richtung eingestellt haben, wäre auch dann der Erfolg fraglich.
Was könnten die Fremden von unserer Intelligenz empfangen? Es wären natürlich die Radiosignale. Da Radiosignale aber erst zu Beginn des zwanzigsten Jahrhunderts von der Erde abgestrahlt wurden, können sie noch nicht weit in das All vorgedrungen sein. Bei diesen Signalen handelt es sich um die ersten Radiosendungen von Rundfunksendern. Diese Radiowellen verbreiten sich mit nahezu Lichtgeschwindigkeit. Nimmt man den Zeitpunkt der ersten Radiosendung und rechnet die Jahre zurück, dann weiß man, wie viel Lichtjahre unsere Signale schon zurück gelegt haben. Angesichts der 100 Tausend Lichtjahre, die unsere Galaxie durchmisst, ist das so gut wie nichts.
Im bin fest davon überzeugt, dass es außerirdisches Leben gibt, doch ist die Möglichkeit, dass wir einmal mit solchen Wesen in Kontakt treten, fast gleich 0.

Was ist der Mensch?
Diese Frage gehört genauso in die Unmengen an Fragen, wie die, die wir uns auch über das Universum stellen.
Was ist der Mensch?
Wenn man es genau nimmt, dann ist der Mensch im Grunde nichts anderes, als eine Art Materie. Wir bestehen, wie alles andere, was wir kennen, aus Elementen. Wenn wir tief in uns eindringen könnten, dann würden wir auf Kohlenstoff, Stickstoff, Sauerstoff, Kalzium, Eisen, usw. stoßen. Es sind die Elemente, aus denen der Körper aufgebaut ist, die Elemente, aus denen fast alles

aufgebaut ist. Diese Elemente sind zwar, zum Beispiel bei Pflanzen, immer anders zusammen gesetzt, doch es sind die Bausteine für alles.
Seit der Entstehung unseres Sonnensystems haben sich die Elementarteilchen nach und nach zu immer komplexeren Körpern zusammengefügt. Es entstanden die Planeten, die sich auf geregelte Umlaufbahnen um ihren Zentralstern, der Sonne befanden. Dadurch stabilisierte sich das Sonnensystem. Die günstige Stellung der Erde zur Sonne machte es schließlich möglich, dass sich bald eine Atmosphäre bildete. Irgendwann entstand schließlich das erste primitive Leben.
Doch, wie entstand das allererste Leben? Woher kam es? Die neusten Forschungsergebnisse sprechen dafür, dass alles Leben seinen Ursprung im Universum hat. Demnach soll Staub aus dem Weltall oder Meteoriten das Leben auf die Erde gebracht haben. In Deutschlands einzigem Institut für Planetologie arbeitet Professor Elmar K. Jessberger. Er erforscht den Staub aus der Tiefe des Alls. Jessberger ist davon überzeugt, dass diese Materie der Ursprung des Lebens ist. Sein Kommentar: „Wir sind entstanden aus außerirdischem Staub.“ Die Erforschung des Staubes ist nicht einfach. Obwohl pro Tag ca. einhundert Tonnen davon auf die Erde regnen, gelangen doch nur sehr wenige Teilchen unbeschadet bis auf den Boden. Die Meisten verglimmen in der Atmosphäre.
Auch im Kometenstaub vermutet man Teilchen, die Leben durch das All transportieren. Der Satellit, der 1986 den Kometen Halley erforschte, brachte eine Überraschung ans Licht. In Kometen ist eine „organische Komponente“ erhalten.
Doch egal, ob das Leben durch Staub, Kometen oder

Meteoriten auf unseren Planeten gelangt ist, fest steht, dass es sich irgendwann begann, zu entwickeln.
Es begann mit Einzellern, aus denen nach und nach immer komplexere Lebensformen entstanden. Die höchste Entwicklungsstufe wurde von den Säugern erreicht. Die Evolution hat aus allen Säugern die Gattung Mensch erwählt, um die Schöpfung zu krönen, auch wenn diese Krönung sehr fragwürdig ist.
Für die Mutter Natur sind wir nur eine von vielen hunderttausend Lebensformen, die sie hervorgebracht hat.
Doch viele glauben fest daran, dass die Menschheit nicht nur irgendeine Art unter Hunderttausenden ist. Sie glauben, dass wir die auserlesene Art sind, eine Lebensform, die von der Schöpfung geschaffen wurde, um die Erde zu beherrschen. In den Augen der meisten sind wir etwas ganz Besonderes. Wir glauben, dass uns, was die Intelligenz betrifft, keiner das Wasser reichen kann. Stellt man diesbezüglich einen Vergleich mit allen Lebewesen, die wir kennen an, dann stimmt es sogar, allerdings nur, wenn es um das logische Denken geht. Und selbst das ist bei den Menschen oft fatal!
Doch was ist mit all den Lebewesen, die es im Universum noch gibt, Lebewesen, die wir noch nicht kennen?
Eine Antwort auf diese Frage wird es vielleicht niemals geben.
Die folgenden Kapitel beschäftigen sich mit dem Menschen. Es gibt Fragen zu unserem Verhalten und zum Sinn des Lebens.
Allerdings gibt es auf diese Fragen keine klaren Antworten. Dennoch wird die Behandlung dieser Themen einige grundlegende Denkanstöße geben. Diese Denk-

anstöße führen unsere Gedanken zu dem, was wir eigentlich sind, nämlich eine Lebensform, die trotz Intelligenz nichts weiter ist, als ein Teil der Masse.
Und wer sich fragt, was diese ganzen Themen über den Mensch mit dem Universum zu tun haben, der wird es spätestens am Ende dieses Kapitels erfahren, nämlich dann, wenn sich alles zusammenfügt.

Woher kommt der Homo sapiens und wohin geht er?
Hat sich der jetzige Mensch mit all seiner Intelligenz wirklich nur durch die Evolution gebildet? Oder sind die Theorien, die Erich von Däniken und einige andere Leute aufgestellt haben, richtig? Diese haben den Begriff der Prä-Astronautik geprägt und sind der Meinung, dass sich früher einmal Außerirdische mit den Menschen gepaart haben und so auch die Gene der Intelligenz an uns weiter gegeben wurden. Die Evolutionsgeschichte ist erwiesen, nur, ob dadurch auch unsere Intelligenz entstanden ist, dass kann man nicht nachweisen. Sicher, es gibt Funde von Urmenschen, die bereits primitives Werkzeug hatten. Sie benutzten bereits Keulen als Waffen und Steinkeile als Werkzeuge. Meiner Meinung nach sind z.B. die heutigen Schimpansen auch nur noch X Jahrtausende Entwicklungsjahre hinter dem Steinzeitmenschen zurück. Diese Affen greifen ihre Feinde ebenfalls mit Knüppel an und benutzen diese auch als Wurfgeschosse. Wenn sie Früchte mit harten Schalen fressen wollen, dann legen sie diese auf eine feste Unterlage und schlagen die Schale mit einem Stein auf. Mit anderen Worten: Sie benutzen Waffen und Werkzeuge. Natürlich ging die Entwicklung der Urmenschen noch wesentlich weiter, doch der Sprung zum Homo sapiens von heute, der kam ganz plötzlich.

Zunächst gab es nur einen „primitiven“ Homo sapiens. Er betrieb zwar schon Ackerbau und Viehzucht, doch alles war noch einfach und primitiv. Dann, wie aus dem Nichts, gab es mit einem Mal Menschen, die riesige Pyramiden bauten, Bauwerke, deren technische Meisterleistung noch heute unerklärbar ist. Plötzlich, wie aus dem Nichts, gab es ein Volk, das in der Lage war, die komplizierte Statik von gigantischen Bauwerken zu errechnen, ein Volk, welches die Mathematik fast so gut beherrschte, wie wir. Oder vielleicht noch besser? Denn es gab keine Rechenmaschinen und Computer. Wenn diese Intelligenz alleine durch die Evolution entstanden ist, dann fehlt in der Entwicklungsgeschichte zwischen dem primitiven Menschen und der plötzlichen Hochkultur ein gewaltiges Stück. Vielleicht werden die Archäologen ja irgendwann einmal dieses missing link finden.

Wenn unsere Intelligenz nichts anderes ist, als eine Folge der Evolution, dann wird auch die menschliche Rasse, wie alles, was die Evolution hervor gebracht hat, irgendwann wieder aus der Palette des Lebens verschwinden. Ich bin davon überzeugt, dass wir das Ende unseres Planeten nicht mehr erleben werden. Wenn in ca. fünf Milliarden Jahren die Kraft der Sonne verbraucht ist und die Sonne ihrem Ende zugeht, dann wird es die Gattung Mensch schon lange nicht mehr geben. Keine Gattung existiert ewig. Es gibt viele Dinge, die dazu beitragen könnten, die Menschheit auszulöschen. Dieses Auslöschen kann in einigen tausend Jahren stattfinden, es kann aber auch schon morgen passieren.

Die Möglichkeit, dass ein Planet, wie die Erde, von einem riesigen Meteor getroffen wird, ist stets vorhanden. Viele große Krater auf der Erde beweisen, dass dieses auch

schon oft der Fall war. Es steht mit ziemlicher Sicherheit fest, dass ein solcher Meteoreinschlag für das Aussterben der Dinosaurier verantwortlich. Der Einschlag eines Meteors von nur wenigen hundert Metern Größe hat die Kraft von mehr als tausend Atombomben. Bei einem solchen Ereignis wird dermaßen viel Staub in die Atmosphäre geschleudert, dass sich der Himmel für eine lange Zeit (Jahrzehnte, Jahrhunderte?) verdunkelt. Kein Sonnenstrahl kann dann den Erdboden mehr erreichen. Ohne Licht ist uns aber die Lebensgrundlage genommen, denn es kann keine Nahrung mehr nachwachsen.
Eine andere Möglichkeit, das menschliche Leben auf unseren Planeten zu zerstören sind die Genversuche. Man hat zwar, wie die Forscher zusichern, alles im Griff, doch für mich gibt es kein "absolut im Griff haben". Es kann Unfälle in Gen-Laboratorien geben, die einfach nicht einkalkuliert wurden. Beinahe wäre es schon einmal zur Katastrophe gekommen. Diese Katastrophe hätte das Aus für uns bedeuten können. Es war folgendes passiert: Im Norden der USA wurde oft die erste Aussaat von Pflanzen durch harte Nachtfröste im Frühjahr vernichtet. Damit war eine ganze Ernte zerstört. Gen-Biologen manipulierten die Pflanzen so, dass der Pflanzensaft nicht mehr gefrieren konnte. Ein genetischer Eingriff gab der Pflanze eine Art Frostschutz. Nun gab es keine Möglichkeit mehr, dass in der Pflanze etwas gefriert. Eine geniale Entdeckung, denn es könnten dadurch alle ersten Ernten gesichert werden. Das heißt, noch fand der Einsatz dieser genmanipulierten Pflanzen im Gewächshaus statt, und wenn es hier funktionieren würde, dann würde es auch im Freien funktionieren. Ein Biologe bemerkte aber, dass die Feuchtigkeit in den Gewächshäusern zurückgegangen war. Bald

kannte man auch den Grund dafür. Die Pflanzen gaben den veränderten Stoff durch Verdunstung über ihre Blätter in die Luft ab. Dieser Stoff veränderte auch die Wasser- und Sauerstoffteilchen in der Gewächshausluft. Es war keine Kondensation mehr möglich. Hätten die Biologen, wie vorgesehen, die Pflanzen ins Freiland gebracht, dann wäre von diesem genmanipulierten Stoff mit den Jahren sämtliche natürliche Kondensation verhindert worden. Es hätte keine Wolkenbildung und damit auch keinen Regen mehr gegeben. Dadurch wäre weltweit eine immerwährende Dürre entstanden, was den Untergang der Menschheit hätte bedeuten können.

Seit einigen Jahren beobachten die Wissenschaftler bedenkliche Veränderungen im Magnetfeld der Erde. Sie errechneten, dass das schützende Magnetfeld seit etwa eintausend Jahren immer schwächer wird. Wenn diese Schwächung weiterhin fortschreitet, dann könnte das Magnetfeld in etwa zweitausend Jahren fast verschwunden sein.

Schuld daran sind nicht etwa die Treibhausgase, die unserer Meinung nach ganz alleine für das immer größer werdende Ozonloch zuständig sind, sondern irgendein natürlicher Prozess. Als die Abschwächung des Magnetfelds von tausend Jahre begann, da gab es noch kein FCKW.

Man glaubt, dass so eine Veränderung im Erdmagnetfeld etwas ist, was in aller Regelmäßigkeit vorkommt. Man weiß nur nicht, wie häufig.

Sollte das Magnetfeld wirklich zu schwach werden, dann bedeutet das, dass wir der Sonne ungeschützt ausgesetzt sind. Ob es der Menschheit gelingt, eine solche Katastrophe zu überleben, das wage ich zu bezweifeln.

Ein Ende der Menschheit kann natürlich auch durch Krankheiten, denen der Mensch nicht gewachsen ist, durch fortschreitende Umweltzerstörung oder durch einen Atomkrieg entstehen.
Momentan arbeiten die Menschen aber ganz anders an ihren Untergang. Dass sie die Umwelt so stark belasten, dass es dadurch Klimaveränderungen gibt und dadurch immer schlimmere Wetterextreme entstehen, ist nachgewiesen, doch wir haben eine ganz andere Möglichkeit entwickelt, mit der wir unser Schicksal besiegeln werden. Es ist die Überbevölkerung. Momentan leben fast 8 Milliarden Menschen auf der Erde und in 30 Jahren werden es fast 10 Milliarden sein. Um so viele Menschen zu ernähren, braucht man Platz, um Nahrungsmittel anzupflanzen, sowie Platz für die Nutztiere, die den Menschen als Fleischlieferanten dienen. Das heißt, man braucht immer mehr Felder und Weiden. Deshalb werden rücksichtslos Wälder dem Erdboden gleich gemacht. Dadurch werden auch die tropischen Regenwälder, die als grüne Lungen der Erde bezeichnet werden, immer weniger. So kann man im Waldbericht der Vereinten Nationen aus dem Jahr 2020 nachlesen, dass seit 1990 weltweit 4,2 Millionen Quadratkilometer Wald verloren gegangen ist. Das ist eine Fläche, welche etwa zwölfmal so groß ist, wie die Fläche von Deutschland! Die Wälder, die dazu da sind, den für uns nötigen Sauerstoff zu produzieren, werden immer weniger. Da stellt sich letztendlich die Frage: Was nutzt es, wenn wir genug Nahrung für alle haben, aber keine Luft mehr zum Atmen?
Es gibt noch mehr Möglichkeiten für das Ende der Menschheit, die man aufführen könnte, doch, egal wie, fest steht, dass noch keine Art ewig überlebt hat, und den

Menschen wird es nicht anders ergehen. Die Menschheit geht den Gang, den alles, was die Evolution geschaffen hat, geht.
Nun lassen wir unserer Fantasie mal wieder freien Lauf und fragen uns, was wäre, wenn ein Erich von Däniken und andere Verfechter der sogenannten Prä-Astronautik mit ihrer Thesen doch Recht hatten? Was wäre, wenn nicht allein die natürliche Evolution für die intelligente Rasse Mensch verantwortlich war? Haben wir diese auf Erden "einmalige, logische Intelligenz" vielleicht dann von anderen Wesen bekommen? Wenn ja, dann könnte das bedeuten, dass wir vielleicht doch die Möglichkeit haben, zu überleben. Dann könnte es sein, dass wir dank dieser Sonderstellung, die wir auf unserem Planeten haben, irgendwann doch noch all unsere Probleme lösen könnten. Vielleicht schaffen wir es dann doch, andere Planeten und andere Sonnensysteme zu erreichen. In diesem Fall könnte der Mensch sogar das Ende der Sonne überleben, denn dann bräuchte er keine Erde mehr, da er die Möglichkeit hätte, auf anderen Planeten zu siedeln. Wenn unsere technische Entwicklung weiterhin in einem solchen Tempo voranschreitet, wie in den letzten Jahrzehnten, dann wäre eine interstellare Raumfahrt irgendwann durchaus denkbar.
Diesen schnellen Fortschritt verdanken wir meiner Meinung nach dem Schulsystem. Früher wurden nur die Kinder der Oberschicht gebildet. Das war aber nur ein Bruchteil der Bevölkerung. Heute ist die Schulpflicht in fast allen Ländern üblich. Das bedeutet, dass die Kapazität der Intelligenz von fast allen Menschen gefördert wird.
Resultiert auch dieses aus der Evolution oder ist unsere alles überragende Stellung unter den uns bekannten

Lebensformen von etwas Unbekanntem hervorgerufen worden? Werden vielleicht sogar alle Vorgänge auf Erden von diesem Unbekannten gesteuert?

Nun aber wieder zurück zur Realität.

Egal, wie es weiter geht, es gibt etwas, dem sich jeder Mensch fügen muss und das für jeden Menschen auf Erden gleichermaßen gültig ist:

Der Mensch ist nur ein Gast in der Zeit, dessen Ziel es ist, dem großen Ganzen zu dienen. Ihm wird die Ehre gegeben, der Teil einer wunderbaren Schöpfung zu sein. Er ist ein Wesen, welches bereits bei seiner Zeugung dem Tod geweiht ist. Bereits bei der Geburt tickt seine Uhr unaufhörlich ab, dem Tod entgegen. Der Tod bedeutet nichts anderes, als dass er seine Aufgabe im Kreislauf der Natur erfüllt hat. Was dann noch bleibt, ist das Vergehen und das Vergessen.

Diese Anmerkung bezieht sich nachweisbar auf das Materielle des Menschen, auf seinen Körper. Doch eine Frage bleibt offen:

Was passiert mit unserem Geist, mit unserer Seele?

Der Stärkere überlebt

Wie schön ist es doch für jeden naturverbundenen Menschen, an einem warmen und sonnigen Frühlingstag auf einer großen Waldlichtung zu stehen, um die Natur um sich herum zu genießen? Stellen wir uns so eine Lichtung einmal vor. Dort ist eine bunte Blumenwiese, deren frische Farbenpracht kaum zu übertreffen ist. Man hört das Zirpen der Grillen. Schmetterlinge, deren Flügel mit herrlichen Farben überzogen sind, flattern über die Blüten. Man genießt die warmen Sonnenstrahlen auf der Haut und wenn man durch die Nase tief Luft holt, dann riecht man

die würzige Frühlingsluft. Aus den Bäumen und Sträuchern, die diese Lichtung umgeben, sind die Vögel zu hören, die mit ihren schönsten Melodien den Frühling einläuten. Man hört den Klang der Natur und blickt dabei auf bunte Blumen und das frische Grün der Bäume. Es ist Balsam für unsere Seele, wenn man das Leben in der Natur genießen kann.
Doch das, was für uns Menschen ein Genuss ist, das ist für die uns umgebenen Lebewesen nichts anderes, als ein harter, immerwährender Kampf auf Leben und Tod. Wir erfreuen uns am frischen Grün der Bäume und Sträucher. Doch für diese Pflanzen ist das Wachstum ein echter Überlebenskampf. Jede Pflanze will ihre Blätter möglichst nah an das helle Licht der Sonne bringen. Eine Pflanze, die nicht schnell genug wächst, wird von anderen Pflanzen überwuchert. Ihr wird das lebenswichtige Licht genommen. Ein solches Gewächs wird irgendwann verkümmern und schließlich eingehen. Doch auch die Pflanzen, die es schaffen, ihre Blätter nah an die Sonne zu bringen, können sich ihres Daseins nicht sicher sein. Es gibt unzählige Fressfeinde, wie Wanzen und Läuse, die der Pflanze ihren Saft aussaugen. Die gefährlichsten Feinde sind aber die Raupen. Es gibt Fälle, in denen ein riesiges Heer von diesen Tieren ganze Wälder kahl fressen. Aber auch diese Insekten haben Feinde. Dabei stellen sich die Vögel in den Vordergrund. Sie vertilgen die Insekten in Massen und sorgen so für einen gewissen Ausgleich in der Natur. Doch gibt es wiederum genug räuberische Tiere, auf deren Speisekarte die Vögel ganz oben stehen. Auch jeder Schmetterling, der über die bunte Blumenwiese der Lichtung flattert, muss aufpassen, nicht von einem Vogel erwischt zu werden oder in ein Spinnennetz

zu fliegen.
Fast jedes Lebewesen in der freien Natur ist stets im Kampf um sein Dasein.
Eine Waldlichtung im Frühling; für uns Menschen ein Genuss; für die Lebewesen auf dieser Lichtung ein Kampf auf Leben und Tod.
Dank unserer besonderen Intelligenz haben wir Menschen es geschafft, scheinbar über alles zu stehen, was sich auf unserem Heimatplaneten abspielt. Raubtiere, die früher einmal eine Bedrohung für die Menschen waren, werden von uns in zoologischen Gärten zur Schau gestellt. Sie stellen dort hinter dicken Gitterstäben oder in gut abgesicherten Freigehegen für uns keine Gefahr mehr da. Sicher, Tiger, Löwen oder Bären sind uns körperlich weit überlegen. Dennoch beherrschen wir diese Tiere durch unsere, alles auf Erden überlegene Intelligenz. Offensichtlich ist also die größte Stärke, die wir kennen, die Intelligenz.
Doch trotz unserer Intelligenz unterliegt die Menschheit den Trieben der Natur. Triebe, die wir auf Grund eben dieser Intelligenz schon längst hätten ablegen müssen. Wir unterliegen einem Naturgesetz, das aus unserer Sicht gesehen einen negativen Einfluss auf uns ausübt. Dieses Naturgesetz heißt „Nur die Stärksten kommen durch“.
Diesem Gesetz der Schöpfung ist jedes Lebewesen auf unserem Planeten unterlegen.
Im Laufe der Evolution haben sich immer die stärksten Lebewesen durchgesetzt. Unter Stärke versteht man aber nicht nur die reine Kraft, sondern auch die Stärke der Anpassungsfähigkeit an bestimmte Situationen. Denn, was nützt einem großen Lebewesen körperliche Stärke, wenn es von einem Krankheitserreger befallen wird, dem

es nichts entgegenzusetzen hat? Dem gegenüber gibt es kleinere und dem entsprechend schwächere Lebewesen, die aber dank eines guten Immunsystems diesen Krankheitserreger besiegen können.
In den letzten Jahrmillionen haben sich fast unzählig viele Spezies auf unserem Planeten entwickelt. Immer wieder sind Gattungen, die lange Zeit auf der Erde gelebt haben, ausgestorben. Es kamen aber ständig neue und angepasstere Arten dazu.
Im Tierreich heißt das Gesetzt des Stärkeren nichts anderes, als „Fressen und gefressen werden". Ein Leben zählt hier nichts. Mit Ausnahme von wenigen, höher entwickelten Säugetieren, zählt selbst das Leben der eigenen Spezies nicht viel. Es gibt zwar einen ausgeprägten Arterhaltungstrieb, der aber vom Selbsterhaltungstrieb übertroffen wird.
Der Mensch unterliegt dem gleichen Trieb. Dank seiner Intelligenz hat er aber eine etwas überlegene Einstellung dazu. Bei uns überleben auch die Schwächeren, die im Tierreich keine Chance hätten.
In unserem sozialen Gefüge werden auch die Kranken und Behinderten von den „Gesunden" mitversorgt. Das Gleiche gilt für Schwächere, die sich zwar oft unterordnen müssen, aber dennoch von den Stärkeren in Schutz genommen werden.
Wie oft gibt es durch Erdbeben, Dürre und andere Naturkatastrophen große Hungersnöte? Dann reagieren sofort die Menschen, denen es noch gut geht, indem sie helfen. Sie versuchen, durch Taten und Spenden das Leid der Betroffenen zu mindern.
Ist es nicht schön, dass wir Menschen so human sind?
Diese humanitäre Intelligenz ist im Prinzip nichts anderes,

als ein Eingriff in das Naturgesetz des Stärkeren. Denn, was haben wir dadurch erreicht? Eine Überbevölkerung, der wir in absehbarer Zeit nicht mehr gewachsen sind! Es ist nur eine Frage der Zeit, wann die Lebensmittel nicht mehr ausreichen, um die Menschheit zu ernähren.

Spätestens dann wird man sich an die Naturgesetze wieder erinnern. Dann wird der Selbsterhaltungstrieb wieder über alles stehen und das Recht des Stärkeren auch bei dem Menschen wieder gelten.

Dem Lauf der Natur ist auch die menschliche Intelligenz nicht gewachsen.

Solange es dem Menschen gut geht, ist er tolerant und hilfsbereit. Geht es ihm jedoch schlecht, dann ist es bald mit diesen geistigen Gütern vorbei. Oft reicht es schon aus, dass irgendwelche Leute die Menschen unsicher machen, indem sie behaupten, dass der Wohlstand in Gefahr ist, weil andere Bevölkerungsgruppen ihn unterwandern. Dann haben politische oder religiöse Fanatiker ein leichtes Spiel, um die Menschen in Aufruhr zu versetzen.

Beispiele gibt es dafür genug. In Staaten, deren Bevölkerung nicht so gut versorgt ist, wie es zum Beispiel in der westlichen Welt der Fall ist, bedarf es nicht viel, um ein Feindbild aufzubauen. Ein Bild von einem Feind, der vernichtet werden muss, da er für die Misere des eigenen Volkes verantwortlich gemacht wird. Dort, wo Hunger und Armut herrschen, dort suchen die Menschen einen Strohhalm, an den sie sich festklammern können. Oft ist es eine Religion, denn wenn hier auf Erden nichts mehr gut ist, dann hilft ein Gebet zu etwas Höherem. Wenn Menschen nicht mehr helfen können, dann glaubt man an einen Gott, der helfen kann, denn ein Gott ist Allmächtig. Hier treten

dann oft die, nur zu menschlichen Religionsführer auf, denen es manchmal leicht fällt, ein ganzes Volk in einen wahrhaften Religionsrausch zu versetzen. Hier werden oft einige der schlimmsten „Waffen“ geschürt: Hass und Intoleranz gegenüber Andersgläubigen.
Nehmen wir zum Beispiel irgendein Land, in dem Armut und Hunger an der Tagesordnung sind. Selbst die Ärmsten haben in der heutigen Zeit oft die Möglichkeit, irgendwo TV-Sendungen zu verfolgen. Sie sehen dort Filme von Staaten, deren Bevölkerung im Wohlstand lebt. Diese Bilder erscheinen den Armen wie ein Paradies. Sie sehen, dass es in dieser anderen Welt Nahrungsmittel im Überfluss gibt. Ihnen wird eine Welt voller Luxus vorgespielt. Ist es dann ein Wunder, wenn die Armen einen Hass gegen diese Reichen aufbauen? Oft haben die reichen Länder eine andere Religionsvorstellung, als die armen. Dass schürt noch mehr Hass.
Die Reichen sagen: Wir tolerieren eure Religion, denn bei uns sind alle gleich.
Die Armen fragen sich: Wie kann eure Toleranz unsere Kinder vor dem Hungertod retten?
Wenn sich jetzt auch noch ein Führer findet, der den Armen erzählt, dass die Reichen an ihrem Elend schuld sind, dann werden ihm viele glauben. Es entsteht ein Hass auf die Andersgläubigen.
Aus so entstandenem Hass sind schon viele Kriege hervorgegangen. Und dann zählt wieder das Gesetz des Stärkeren.
Man kann aber auch aus anderen Gründen Menschen gegeneinander aufhetzen. Damit meine ich den Rassenhass, auch wenn das Wort Rasse heute eigentlich nicht mehr so genannt werden sollte.

Wenn ich in die Geschichte meines Landes zurückblicke, dann stoße ich unwillkürlich auf ein dunkles Kapitel. Ich meine damit das Dritte Reich. Es war wohl das Schlimmste, was man sich vorstellen kann. Doch wie konnte es dazu kommen?
Die Zeiten waren sehr schlecht und es gab kaum Arbeit. Doch da kam jemand, der wieder Arbeitsplätze und mehr Wohlstand schuf. Solch einem Mann folgte das Volk. Diesem Mann gelang es sogar zu einem Führer zu werden, dem man selbst noch glaubte, als es bereits Krieg gab. Sicher, es gab auch noch Menschen, die mit diesen Machenschaften nicht einverstanden waren. Es waren Menschen, die sogar Widerstand leisteten. Doch wurde dieser Widerstand oft schnell unterbunden. Denn wer möchte schon, dass seiner eigenen Familie Leid angetan wird, nur weil man anders denkt? Hier überwiegt der Selbsterhaltungstrieb, auch wenn er der Vernunft widerspricht.
Selbst in der heutigen Zeit können auch in den wohlhabenden Ländern wieder „Feindbilder“ entstehen. Stellen wir uns folgendes Szenario vor:
Es geht den Menschen gut. Man kann sich viel erlauben. Es sind genug Finanzen für Urlaub, Auto und sonstigem Luxus vorhanden. Dann gibt es eine wirtschaftliche Flaute. Die Arbeitslosigkeit wächst. Viele müssen wieder zurückstecken und selbst die Staatsregierung weiß nicht mehr, woher sie die Mittel nehmen soll, um diese Misere zu beenden.
Und wer ist schuld daran?
In einigen Bevölkerungsschichten kennt man die Schuldigen bereits. Natürlich sind es die Ausländer, die gekommen sind, um anderen die Arbeitsplätze wegzu-

nehmen. Wenn die nicht wären, dann hätten viel mehr Bürger einen Arbeitsplatz. Wenn die Bevölkerung dann noch in der Presse Berichte über Scheinasylanten und eine überdurchschnittlich hohe Ausländerkriminalität liest, dann brodelt es immer mehr. Und bald schon hört man die ersten Stimmen, die die Kunde verbreiten, dass die Staatsbürger von ihrem Lohn Steuern zahlen, damit diese kriminellen Asylanten wie die Made im Speck leben können.
Auf diese Weise wird der Grundstein zu einem neuen Feindbild gelegt. Doch zum Glück denken die Bürger der wohlhabenden Länder an die Vergangenheit. Sie haben daraus gelernt und wissen, dass es auf diesem Grundstein kein Gebäude geben darf.
In Ländern der Dritten Welt war das schon anders. Hier führte der Hass zu Gewalt und Krieg unter bestimmten Bevölkerungsgruppen. Und damit war man wieder beim Recht des Stärkeren, dem Naturgesetz, dem leider fast alle Menschen unterliegen.
Wie einfach es ist, die nötige Unruhe zu verbreiten, zeigten die Ereignisse vom 11. September 2001. Da schaffte es eine Hand voll religiöser Fanatiker, die ganze Welt in Aufruhr und Krieg zu versetzen. Dieser Anschlag führte dazu, dass Völker, die eigentlich friedlich leben wollten, vom Recht des Stärkeren gebraucht machten, um sich gegen den Fanatismus zu wehren.

Überlegung zum Sinn des Lebens

Bereits seit Jahrhunderten stellt sich der Mensch immer wieder die Frage: Was ist eigentlich der Sinn unseres Lebens? Im Mittelalter ließen die herrschenden Schichten aller Länder Gelehrte zu sich kommen, und gaben ihnen

den Auftrag, den Sinn des Lebens zu finden. Man glaubte, dass der, der dieses Rätsel löst, dadurch mehr Macht bekommen könnte. Es konnte jedoch keiner der Gelehrten ein Ergebnis vorweisen. In einer Autobiographie, in der es unter anderen auch um Albert Einstein ging, las ich, dass ein Bekannter von Einstein folgendes berichtete:
Er (Albert Einstein) hat mir bei einem Spaziergang erzählt, dass er nach reichlichen Überlegungen jetzt sicher ist, den wahren Sinn des menschlichen Daseins zu kennen. Er werde sich aber hüten, diese Erkenntnisse an die Öffentlichkeit weiter zu geben. Ich fragte ihn, warum. Da machte er ein sehr ernstes Gesicht und sagte: "Ich sehe es gerne, wenn Menschen glücklich sind und lachen. Das soll auch so bleiben." Dann gab er mir zu verstehen, dass er über dieses Thema nicht mehr weiterreden wollte.
Ich frage mich: Was hat ein Genie, wie Albert Einstein herausgefunden? Warum machte er aus seiner Erkenntnis ein Geheimnis, das bis heute noch ungelöst ist? Im Abspann der Autobiographie war allerdings zu lesen, dass sich nach Einsteins Tod einige flüchtige Bekannte von ihm als "Freunde von Einstein" zu Wort meldeten und die tollsten Geschichten über ihn erzählten. Diesen Bericht lege ich deshalb nicht auf die Goldwaage. Ich glaube, wenn Einstein diese Erkenntnis gehabt hätte, dann hätte sie auch publik gemacht. Oder vielleicht doch nicht?
Alles, was die Natur erschaffen hat, erfüllt irgendeinen Sinn und Zweck. Die Wissenschaften haben mittlerweile unzählige Zusammenhänge entdeckt, die früher unlogisch erschienen und deren Sinn deshalb nie verstanden wurde. Doch den wahren Sinn des Lebens kann bis heute noch niemand erklären.
Auch ich habe mir Gedanken darüber gemacht. Doch, wo

und wie soll man nach dem Sinn des Lebens suchen? Zunächst habe ich mir überlegt, welche Fakten es bereits gibt, denn daraus könnte man ja einen ersten Anhaltspunkt für diese Suche bekommen. Der erste Fakt, der auf jeden Fall dazu gehört, ist die Fortpflanzung, denn ohne die gäbe es kein Leben. Allerdings kann das nicht der ganze Sinn des Lebens sein. Da muss es auf alle Fälle noch mehr geben. Wenn man weiter überlegt, dann stellt man fest, dass zur Fortpflanzung nicht nur der Paarungsakt gehört, oder allgemeiner gesagt, die Befruchtung und die Vermehrung, denn es geht eigentlich um alles Leben, auch das der Pflanzen. Jedes Lebewesen, ob winzige Einzeller, Flechten oder Pilze, ob Pflanzen, Tiere oder der Mensch, vergeht einmal. Die abgestorbenen Überreste dienen als Grundlage für neues Leben. Alles fließt in den Kreislauf des Lebens wieder ein. Hat auch das menschliche Dasein nur diesen einen Sinn? Das ist nur sehr schwer vorstellbar, denn eigentlich hat alles auf Erden seine Aufgabe. Diese Aufgabe heißt: Ein natürliches Gleichgewicht halten. Pflanzen, die sich übermäßig stark verbreiten, werden von Pflanzenfressern im Zaum gehalten. Auch pflanzenfressende Insekten können aber Umweltschäden von großem Ausmaß verursachen. Doch dafür, dass das nicht passiert, sorgen natürliche Feinde, die wiederum diese fressen. Eigentlich alles, was existiert, kann durch etwas anderes zerstört werden. Selbst so ein hartes Element, wie Eisen, hat kein ewiges Dasein. Hier gibt es einen Pilz, der sich Rost nennt und das Eisen "frisst". So hat alles einen Sinn. Die natürlichen Feinde des Menschen sind eigentlich Raubtiere und viele Krankheitserreger, die den Tod bringen. Den Raubtieren sind die Menschen dank ihrer Technologie mittlerweile überlegen. Die meisten todbringenden Krankheiten hat der Mensch auch unter Kontrolle, denn die Zeiten, in denen eine Pestepidemie ganze Völker ausrottete, sind vorbei. Dass es aber immer wieder zu neuen Angriffen durch Viren auf die Menschheit gibt, zeigt die Covid19-Pandemie. Es gibt aber einen Feind, dem der Mensch anscheinend nichts entgegen zu setzen hat, und das ist der Mensch selbst. Immer wieder wurden Kriege angezettelt, in denen oft viele Millionen Menschen ihr Leben lassen mussten. Es gibt sogar Phantasten, die glauben, dass Kriege eigentlich nur ungewollt entstehen. Sie glauben, dass es eine höhere, unsichtbare Macht gibt, die unsere Menschheit regelmäßig in Kriege untereinander verstrickt, um das natürliche Gleichgewicht zu gewähren. Auch wenn dieser Glaube weit hergeholt ist, der Sinn des Lebens ist also nicht nur die Fortpflanzung, sondern auch die Aufgabe, ein gewisses Gleichgewicht zu halten. Doch, warum ist das so? Wofür halten wir ein Gleichgewicht?

Angesichts der Überbevölkerung wird der Mensch dieses Gleichgewicht nicht mehr lange halten können, aber wer weiß, vielleicht ist das so vorprogrammiert? Vielleicht kommt für die Menschen irgendwann die Zeit, Platz für andere, nachfolgende Arten zu schaffen.

Und wieder drängt sich die utopisch anmutende Frage auf: Gibt es doch etwas Größeres; etwas, das wir unwissenden Wesen nicht verstehen können. So einem „Etwas" würden wir gegenüberstehen, wie die berühmte Bakterie im Wassertropfen, die nicht heraus kann und auch kein Hirn hat, um zu verstehen, was sich außerhalb des Tropfens abspielt. Für dieses Etwas wären wir die hirnlosen Bakterien (oder vielleicht noch weniger), die nur

einem Instinkt folgen.
Allerdings gibt es auf die Frage nach dem Sinn des Lebens noch eine Antwort: Das Leben hat gar keinen Sinn. Es ist ein Zufallsprodukt der Entwicklung und alles lebt halt nur so dahin.
Nur, wer die einfallsreiche Natur und die Geschichte der Evolution kennt, der wird mit mir der Meinung sein, dass jedes Leben einen Sinn hat.
Aber welchen?
Ich habe unzählige wissenschaftliche Bücher gelesen, habe mir von allem, was mir wichtig erschien, Notizen gemacht, habe selber einiges recherchiert und Zusammenhänge gesucht, und ich habe immer wieder versucht in allem, was noch fehlte, durch logische Überlegungen das "missing Link" zu finden. Schließlich bin ich zu der Erkenntnis gekommen, dass es nicht möglich ist, ein solches Rätsel allein durch wissenschaftliche Fakten zu lösen. Um einem solchen Geheimnis näher zu kommen, ist es oft besser, die Logik zu vergessen und seiner Fantasie freien Lauf zu lassen. Dann kann man auch Lösungen finden, die man zwar nicht nachweisen kann, die aber nach und nach Licht in die Dunkelheit bringen könnten. Dann wird man irgendwann feststellen, dass plötzlich sogar wieder die bereits wissenschaftlich nachgewiesenen, logischen Erkenntnisse in das Bild passen, auch wenn dieses Bild ein Fantasiegebilde ist.
Ich bin fest davon überzeugt, dass es uns niemals so richtig gelingen wird, den eigentlichen Sinn unseres Daseins zu begreifen. Vielleicht ist es sogar gut, dass wir den Sinn nicht verstehen können. Durch meine Überlegungen beschleicht mich eine gewisse Ahnung, welches

der Sinn des Lebens sein könnte. Diese Ahnung müssten eigentlich auch schon andere gehabt haben, doch ich denke, sie haben diese Ahnung besser verschwiegen, denn wenn diese Ahnung der Wahrheit nahe kommt, dann ist es für die Menschheit besser, sie niemals zu erfahren. In diesem Fall war auch die Geschichte von Albert Einstein wahr, denn dann hätte er wirklich einen Grund zu Schweigen gehabt.

Der Faktor Zeit

Zunächst stellt man sich die Frage: Was ist eigentlich Zeit?

Die Antwort darauf ist nicht so einfach, wie man es vielleicht zunächst annimmt, denn Zeit ist relativ. Das heißt, dass die Zeit nicht immer gleich abläuft.

Wer hat nicht schon davon gehört, dass für einen Weltraumfahrer, der sich mit sehr hoher Geschwindigkeit durch das Universum bewegt, die Zeit langsamer abläuft, als hier auf der Erde. So kann es theoretisch passieren, dass jemand, der sich längere Zeit mit annähernd Lichtgeschwindigkeit durch den Weltraum bewegt hat und nun wieder auf der Erde landet, plötzlich feststellt, dass alle seine Bekannten plötzlich viel älter geworden sind. Während seine Abwesenheit von der Erde aus Sicht seiner Bekannten Jahre betrug, so war er aus seiner Sicht nur einige Monate weg.

Wer mehr über diesen Vorgang wissen möchte, dem empfehle ich das Buch „Die Relativitätstheorie“ von Heinrich Hemme. Dieses Werk vermittelt die, doch sehr komplexen, Vorgänge der Allgemeinen Relativitätstheorie sehr verständlich. An diesem Punkt möchte ich auch nicht näher auf die Relativitätstheorie eingehen, denn es ist ein

solch umfassendes Thema, das es den Leser nur unnötig belasten würde.
Doch bleiben wir zunächst bei der Zeit, wie sie auf der Erde abläuft. Wer glaubt, dass die Zeit auf unserem Planeten für alle darauf lebenden Geschöpfe gleich abläuft, der irrt.
Es trifft zwar nicht immer zu, doch könnte man im Groben sagen, je größer ein Lebewesen ist, desto langsamer vergeht für dieses Wesen die Zeit. Dieses ist aber relativ zu sehen, denn kein Wesen bemerkt diesen unterschiedlichen Zeitablauf selbst.
Hier möchte ich als Beispiel eine Fliege nehmen. Für sie vergeht die Zeit schneller, als wie für uns Menschen. Wer schon einmal versucht hat, eine Fliege zu fangen, der weiß, wie reaktionsschnell diese Tiere sind, wenn sie mit blitzschnellen Flügelschlägen, die unser Auge gar nicht mehr wahrnehmen kann, davon sausen. Doch, ist die Fliege wirklich so schnell? Für das Tier selbst läuft alles in ganz normaler Geschwindigkeit ab. Auch der schnelle Flug ist für die Fliege ein ganz normales, gemütliches Umherfliegen. Alle ihre körperlichen Vorgänge sind, aus unserer Sicht gesehen, schnell. Die Fliege aber, sieht zum Beispiel eine Hand, die nach ihr schlägt, verhältnismäßig langsam auf sich zu kommen, da sie alle Abläufe viel schneller verarbeitet, als wir. Ein Fliegenleben ist im Vergleich zum Menschenleben sehr kurz. Eine gewöhnliche Stubenfliege, zum Beispiel, lebt nur 28 Tage. Doch für diese Insekten ist ihr Leben eine genau so lange Zeitspanne, wie unser Leben für uns ist. In der Zeit, in der unser Herz einmal schlägt, rattert das Fliegenherz zigmal vor sich hin. Für die Fliege ein langsames und normales Herzpochen, für uns jedoch ein Dahinrasen, also alles

relativ.
Vergleicht man die gigantischen Abläufe im Universum zeitlich gesehen mit dem Menschenleben, dann bekommt man auf erschütternde Weise vermittelt, wie kurz unsere eigene Lebensspanne eigentlich ist. Denn was ist die Zeit eines Menschenlebens gegenüber der Ewigkeit? Es ist ein nichtregistrierbares, kurzen Aufblitzen. Selbst das Alter von Galaxien, die bereits ein paar Milliarden Jahre existieren, ist im Vergleich zur Ewigkeit kaum messbar.
Ich möchte hier aber noch einmal auf die verschieden Zeitabläufe von unterschiedlichen Lebensformen kommen. Dazu erzähle ich jetzt eine Geschichte. Es ist eine Geschichte aus dem Reich der Fantasie, die von einer utopischen Reise erzählt. Diese fantastische Reise wurde bereits in einigen vorherigen Kapiteln ansatzweise erwähnt.
Irgendwo im Universum, auf irgendeinem Planeten, leben Wesen. Wie diese Wesen genau aussehen, das spielt eigentlich nur eine untergeordnete Rolle. Doch um es den Leserinnen und Lesern verständlicher zu machen, stellen wir uns diese Wesen in menschlicher Gestalt vor. Geben wir den Wesen einen Fantasie-Namen und nennen sie Holpes.
Die Holpes haben eine Möglichkeit entwickelt, ihre Körper bis in die kleinsten Details zu erforschen. Dazu benutzen sie eine Kapsel, in der einer von ihnen Platz hat. Diese Kapsel wird von innen gesteuert und kann sich, samt ihrem Passagier, beliebig verkleinern. Zunächst sollen die Blutbahnen der Wesen erforscht werden. Zu diesem Zweck verkleinert man die Kapsel so, dass sie bequem durch diese Bahnen passt. Sie wird dem Körper intravenös zugeführt. Der Holpes in der Kapsel sieht nun

die Blutkörperchen, die jetzt genau so groß sind, wie seine Kapsel. Auch das Innere der Blutkörperchen soll genauer erforscht werden. Deshalb verkleinert der Holpes die Kapsel noch einmal um ein Vielfaches. Er verkleinert die Kapsel und sich immer und immer wieder. So lange, bis er schließlich genau so klein ist, wie die Atome, des Körpers(nicht zu vergessen, dass wir gerade im Körper eines Holpes unterwegs sind), in dem er sich befindet, besteht. Neugierig geworden setzt der Passagier in der Kapsel den Verkleinerungsprozess immer und immer weiter fort. Schließlich erscheinen ihm die Atome als ein Universum für sich. Längst umgibt ihn eine fremde Welt. Es gibt hier nichts mehr, was er kennt. In diesem Mikrokosmos ist alles fremd. Er scheint sich in einer riesigen Struktur zu befinden. Beim weiteren Verkleinern entdeckt der Holpes, dass diese Struktur aus unzähligen Galaxien besteht. Als er die Kapsel noch mehr schrumpfen lässt, entdeckt er in den Galaxien schließlich Sterne und Planeten. Der Holpes ist nicht einmal überrascht, als er feststellt, dass einige Planeten sogar bewohnt sind.

An dieser Stelle endet diese Geschichte aus dem Reich der Fantasie, die uns durch einen imaginären Holpes-körper geführt hat.

Diese Geschichte dient aber dazu, den Faktor Zeit besser zu erklären. Nehmen wir rein hypothetisch an, dass der von dem Holpes entdeckte Planet die Erde ist und dass es sich bei den Bewohnern des Planeten folglich um uns Menschen handelt.

Ich bitte den Leser nun darum, seiner Fantasie noch einmal freien Lauf zu lassen und sich vor zu stellen, dass wir Menschen in einem winzigen Teil des Mikrokosmos´

eines Holpes existieren. Das uns bekannte Universum befindet sich demnach in einem Atom des Holpeskörpers. Da dieser Holpes ein, für uns unvorstellbar gigantisches Wesen ist, läuft seine Zeit aus unserer Sicht auch unvorstellbar langsam ab. Stellen wir uns vor, dass dieser Holpes seinen Arm nur um einen winzigen, kaum messbaren Bruchteil eines Millimeters anhebt. Aus Sicht des Holpes vergehen bei diesem Vorgang fast nicht mehr messbare Bruchteile einer Sekunde. Doch was passiert in der gleichen Zeit auf der Erde? Wer nun vielleicht glaubt, dass es bei uns nur einige Jahre sind, der irrt. In der Zeit, die für einen Holpes kaum messbare Sekundenbruchteile sind, kommen und gehen auf der Erde Tausende von Menschengenerationen. Der Zeitraum könnte allerdings eher so groß sein, dass in unserem Universum dabei Sonnen entstehen und wieder vergehen.
Es klingt zwar unglaublich, doch wenn es solche gigantischen Wesen, wie die imaginären Holpes geben würde, dann würde dieser Vergleich der Wahrheit über die Zeitabläufe sehr nahe kommen.
Jeder, der die Möglichkeit vom wachsenden Universum verstanden hat, der wird auch die gerade beschriebenen Folgen des Zeitfaktors nachvollziehen können.

Ein Leben nach dem Tod ?

Die Frage, was nach dem menschlichen Dasein ist, haben sich schon viele gestellt. Ganz nüchtern und sachlich gesehen, endet mit dem Tode das physische und auch das psychische Leben. Das ist wissenschaftlich nachgewiesen und jede andere Überlegung wäre vermessen. Doch warum geht das Leben bei allen weltweit verbreiteten Religionen nach dem Tode weiter? Nun,

Religionen haben etwas mit Glauben zu tun und Glauben ist keine nachweisliche Realität. Dennoch steht fest, dass bereits die "Urvölker" durch ihre verschiedenen Religionen, an einem Leben nach dem Tode glaubten.
Da die Religionen früher eine viel größere Bedeutung hatten, als in der heutigen Zeit, war auch der Glaube um ein Vielfaches größer. Doch worin liegt der Ursprung an diesem Glauben des "Lebens nach dem Tode"? Vielleicht wollte man dem Leben nur einen Sinn geben, ein Ziel, für das man lebt.
Die Vorstellungen über dieses "Weiterleben" ist verschieden. Die Christen kommen in den Himmel oder in die Hölle. Der Hinduismus vertritt die Reinkarnation, die Wiedergeburt in einem anderen Körper. Viele ursprüngliche Religionen sehen den Tod als den Übergang zu einem Leben als Gott. Dort sind die Götter die Seelen der Verstorbenen. Es gibt viele verschiedene Glaubensrichtungen, doch eines haben sie alle gemeinsam: Die Seele lebt weiter, sie bleibt bestehen. Ob im Himmel, in einer anderen Welt oder in einem anderen Körper, die Seele lebt weiter.
Alles, was wir kennen, das gesamte Universum, ist etwas, das zusammen gehört. In dieses Gefüge gehört auch die Seele eines jeden Lebewesens. Es wird Leben geboren und Leben vergeht. Genau so werden im Universum Sterne geboren und wieder vergehen. Doch alles was kommt und geht ist aus der gleichen Grundmaterie. Der tote Körper eines jeden Lebewesens, ob Mensch, Tier oder Pflanze bildet bei seinem Zerfall die Grundlage für ein neues Leben. Die Materie eines zerborstenen Sternes bildet die Grundlage für die Entstehung eines neuen Sternes.

Alles, was vergeht, ist in allem, was neu entsteht wieder vorhanden. Warum sollte sich das nur auf feste Materie beziehen? Warum sollte nicht dann auch der Geist, also die Seele, eines jeden Lebewesens wieder neu entstehen können? Zum Geist eines Menschen gehören seine Gedanken und seine Empfindungen. Diese sind fest verbunden mit dem Hirn, ja sie entstehen im Gehirn. Wenn der Mensch stirbt, dann stirbt auch sein Geist, denn ein totes Gehirn kann nicht mehr denken. Doch kann eine Seele wirklich sterben? Die Seele, also der Geist, der ja sinngemäß eine Art Antriebsmotor eines jeden Lebewesens ist, besteht nicht aus fester Materie. Die Seele kann nicht verfaulen, wie ein toter Körper. Also was geschieht mit dem Geist, der Seele eines Menschen wirklich? Eine Frage, auf die es in unserem Leben wohl nie eine definitive Antwort geben wird. Ich glaube, dass alles, was es gibt, irgendeinen Sinn hat, eine Aufgabe, die es zu erfüllen gilt, um dem "Großen Ganzen" zu dienen. Hierzu gehört auch unser Leben. Doch, was hätte das Leben für einen Sinn, wenn es mit dem Tod endgültig beendet wäre? Das physische Leben ist beendet, das wissen wir genau, doch was ist mit dem psychischen? Jedes Teilchen eines toten Körpers wird zur "Nahrung" von neuem Leben, doch was geschieht mit dem Geist? Auch der Geist, also die Seele, muss eine Aufgabe haben. Wird es also nach dem Tode noch etwas geben?
Vor einiger Zeit habe ich damit begonnen, eine Familienchronik zu verfassen. Dazu gehörte auch etwas Ahnenforschung. Es gab viele Generationen, auf die ich zurückblicken konnte. Ich konnte einen über zweihundert Jahre zurückreichenden, nahtlosen Familienstammbaum zusammenstellen. Es gibt viele verschiedene Namen, ich

weiß wie lang sie lebten, ich weiß, wo sie wohnten und teilweise auch, welchen Beruf sie hatten. Doch ich weiß nichts von ihren Freuden und ihren Leiden; weiß nicht, was für Menschen es waren und wie sie dachten und fühlten. Ich bin der Nachkomme eines jeden von ihnen. Jeder von ihnen hat etwas geschaffen, etwas dazu beigetragen, von dem ich heute auch etwas habe. Jeder von ihnen hatte einen Geist, eine Seele, die ihren Nachkommen etwas mit auf den Weg gegeben haben. Als ich die vielen Namen las, wurde mir bewusst, dass auch ich nur ein Glied in dieser Kette bin, einer Kette, die Geburt und den Tod beinhaltet. Irgendwann wird ein ferner Nachkomme von mir vielleicht auch meinen Namen in einen Stammbaum schreiben, ohne zu wissen, was ich fühlte und dachte. Dann wird alles, was von meiner Persönlichkeit übrig bleibt, ein Name in einer langen Liste sein, ein Name, für den sich keiner mehr interessieren wird. Dieses Schicksal werden wir alle erfahren, jeder einzelne von uns. Dessen sollten wir uns immer bewusst sein. Doch muss man sich da nicht wieder die Fragen stellen: War das alles? Worin liegt dann der Sinn des Lebens?

Was also erwartet uns nach dem Tode wirklich?

Obwohl ich in meinem Leben schon oft mit dem Tod von Angehörigen konfrontiert wurde, machte ich mir keine Gedanken darüber, was mit ihnen nach dem Tode passiert. Diese Angehörigen waren Omas, Opas, Onkel und Tanten, Menschen, die ich teilweise sehr liebte und an denen ich hing. Ich empfand tiefe Trauer, doch ich wusste, dass es der Gang aller Dinge war. Doch als dann der erste Mensch, der mir wirklich sehr nahe war, meine eigene Mutter starb, war alles ganz anders. Es war, als

ging ein Stück von mir. Für meine Mutter war der Tod eine Erlösung, denn sie hatte sich jahrelang mit einem Krebsleiden herumquälen müssen. Wenn ich ehrlich bin, dann war auch ich etwas erlöst, denn ich wusste, dass sie keine Schmerzen mehr zu ertragen hatte. Ich wusste, sie war tot, doch glauben konnte ich es nicht. Ich wusste, ihr Körper war nicht mehr da, aber ich spürte irgendwie, dass ihre Seele lebt. Ein Teil ihrer Seele lebt in mir weiter, denn alles, was sie mich gelehrt hatte, stammt von ihrem Geist. Ihre Gedanken und ihre Gefühle hat sie mir zu Lebzeiten vermittelt und somit habe ich ein Teil ihres Geistes bereits erhalten, ohne mir Gedanken darüber zu machen. Die Seele trägt also schon vor dem Tode dazu bei, etwas weiter zu geben. Doch alles gibt sie noch nicht preis. Was passiert mit dem Gesamtwissen eines Geistes, mit der ganzen Seele?
Ich habe mit vielen Menschen geredet, die sehr nahe Angehörigen verloren haben. Alle erzählten fast das Gleiche. Es gibt immer Dinge, die an die Verstorbenen erinnern. Es sind bestimmte Gegenstände, Worte, Handgriffe, usw., die einem sofort ihr Bild vor Augen bringen. Oft denkt man dann an sie und spricht in Gedanken zu den Verstorbenen: "Das hast du auch immer so gemacht", oder "So hast du auch immer geredet." Ich habe mit mehreren Bekannten, die ebenfalls ihre Mütter verloren haben, darüber geredet. Diese Bekannten wurden, genau wie ich, oft an ihre Mütter erinnert und sie hatten genau die gleichen Gedanken wie ich: "Mutti, das hast du auch so gemacht." Man denkt nicht: "Das hat meine Mutter auch so gemacht." Man denkt: " **Du** hast es so gemacht." Man spricht also in Gedanken zu seiner Mutter, ohne sich dessen bewusst zu sein. So ergeht es fast allen, die

Menschen, die sie sehr geliebt haben, verlieren. Man redet, ohne sich darüber Gedanken zu machen, mit den Verstorbenen.
Man spricht zu ihren Seelen und hat dabei unbewusst das Gefühl, dass sie da sind. In solchen Augenblicken verfallen die Menschen oft für einen Moment in eine merkwürdige Melancholie; ein Gefühl, das kein Mensch so richtig nachempfinden kann. Es ist ein Gefühl aus Trauer, weil die geliebten Menschen nicht mehr da sind, aber auch ein Gefühl aus Freude, weil man an sie denkt und ihr Bild vor sich sieht, dieses vertraute Gesicht des Menschen, der einem viel bedeutet hat, des Menschen, den man geliebt hat und, obwohl er nicht mehr da ist, immer noch liebt. Das alles ist nicht nur eine Erinnerung, es ist mehr. Es ist, als ob man weiß, dass die Seele von den Verstorbenen noch da ist. Warum sonst spricht man unbewusst zu ihnen? Liegt es wirklich nur daran, dass die Liebe, die man für den Verstorbenen empfindet, noch weit über den Tod hinaus geht? Wenn man in Gedanken zu den Verstorbenen redet, dann ist irgendwie das Gefühl da, als könnten die Toten es verstehen. Am liebsten würde man manchmal fragen: "Wo bist du jetzt? Wie ist es da? Wie geht es dir dort?"
Ich glaube nicht an Gespenster von Verstorbenen, die irgendwo herum spuken. Ich glaube aber daran, dass es nach dem Tode weiter gehen könnte, dass noch etwas kommen könnte, etwas, das wir in unserem jetzigen Leben niemals verstehen könnten.
Wer weiß, vielleicht könnte unsere Reise ja in das Reich einer höheren Intelligenzebene gehen?
Wenn die Larve eines Schmetterlings ihr gefräßiges Raupendasein beendet und sich in eine Puppe ver-

wandelt, dann wird sie noch nicht ahnen, dass sie bald als prächtiger Falter durch die Lüfte schweben wird.
Diese Aussage ich zwar kein passendes Beispiel, weil die Raupe am Ende ihres Daseins nicht stirbt, sondern als Puppe weiterlebt, doch eine Raupe dürfte nach dem Ende ihres Daseins genauso wenig erahnen, was auf sie zukommt, wie wir.

Wir können nur das verstehen und sehen, was unser Wahrnehmungsvermögen und die Möglichkeiten unserer Intelligenzebene zulassen. Wir können nicht einmal die Begriffe Ewigkeit und Unendlichkeit nachempfinden, weil unser endliches Dasein dafür nicht konstruiert ist. Für das unbekannte Große, welches in dem, uns umgebenen, unendlichen Universum vorhanden ist, sind wir ein unscheinbares Nichts und für das unbekannte Kleine, welches sich tief im Mikrokosmos befindet, sind wir gewaltige Riesen, aber selbst das zu verstehen, wird uns niemals gelingen, weil alles, was uns umgibt, der Makro- und der Mikrokosmos, für uns unergründlich und für immer unfassbar sein wird.